自動車用途で解説する！

材料接合技術
入門

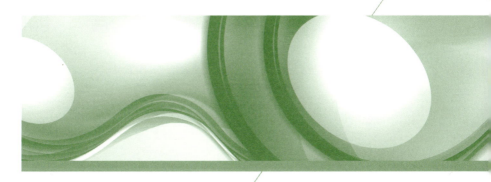

宮本健二 著

日刊工業新聞社

序　文

　自動車は、鋳造、鍛造、焼結、機械加工、プレス加工、および接合といった様々な生産技術によって製造されています。自動車部品には高い水準で、経済性（低コスト）、品質基準（高品質）が要求されており、社会要請に応じた自動車という商品の高機能化に伴い、その要求を満足させるために、技術レベルが日進月歩で進化しています。そのような高品質な部品の集合体である自動車を組み立てるのになくてはならない技術が接合技術です。

　昨今、地球温暖化抑制の観点で排出ガスの規制が、さらに衝突時の乗員保護に対する安全性を確保するための衝突規制が、厳しくなっています。排出ガスを低減するためには、車体の軽量化による燃費の向上が有効ですが、車体の軽量化と衝突時の乗員保護の安全性を確保するためには、様々な材料の長所を活かして使いこなす必要が生じます。たとえば、高張力鋼を用いることで高強度化による薄肉化が図れ、低比重であるアルミニウム合金、マグネシウム合金といった軽合金を用いることで高い比強度、比剛性の特性を活かし、軽量化を実現しながら、衝突時エネルギー吸収能を確保することができます。さらに、従来は高価であるという理由から、その使用がレースカーなどに限定されていたカーボンファイバーと樹脂の複合材であるCFRP（炭素繊維強化プラスチック）（CFRP：Carbon Fiber Reinforced Plastic）も市販車両で使われはじめています。

　そのような時流において、従来ではなかった異種材料の組み合わせや、入熱により材質を劣化させないという特性が接合に要求されています。また、自動車用途で用いられる接合工法は、スポット溶接、アーク溶接、レーザ溶接、摩擦圧接など、多岐にわたり、経済性と継手特性を鑑みながら、各々の工法の長所を活かす形で使い分けられています。

　本書では、技術進歩が目覚しい自動車用途の接合技術を中心としながら、接合技術を支える、その周辺技術についても紹介していきたいと思います。

目 次

序文 ……………………………………………………………………… i

第1章 材料接合の概要

1.1 接合とは ……………………………………………………… 2

1.2 接合の歴史 …………………………………………………… 4

1.3 接合工法の分類 ……………………………………………… 6

1.4 接合工法の選定 ……………………………………………… 8

1.5 接合継手の形態 ……………………………………………… 12

1.6 鋼の接合性 …………………………………………………… 15

1.7 アルミニウム合金の接合性 ………………………………… 16

1.8 樹脂の接合性 ………………………………………………… 17

コラム① ハイブリッド接合 …………………………………… 19

第2章 接合工法と自動車への応用

2.1 溶融接合（液相－液相） …………………………………… 22

2.2 非溶融接合（固相－固相） ………………………………… 43

2.3 非溶融接合（中間材利用）（液相－固相） ……………… 49

2.4 機械的締結 …………………………………………………… 52

2.5 化学的接合 …………………………………………………… 58

コラム② 3Dプリンタ ………………………………………… 62

第3章 接合継手の構造と強度

3.1 溶融接合の接合継手構造	66
3.2 接合継手の特性評価	69
3.3 接合継手の検査	77
3.4 接合継手の観察	81
コラム ③ 接合技能の伝承	86

第4章 自動車車体の軽量化と材料接合

4.1 自動車車体の軽量化要請	88
4.2 軽量化材料	91
4.3 軽量化材料の接合	95
コラム ④ 可逆接合	99

第5章 異種材料接合

5.1 自動車車体のマルチマテリアル化	102
5.2 異種材料接合の効果、課題	108
5.3 鋼とアルミニウム合金の接合事例	111
5.4 金属と樹脂の接合事例	120
5.5 マグネシウム合金とアルミニウム合金、およびマグネシウム合金と鋼の接合事例	126
コラム ⑤ 低温接合、常温接合	129

[附 録] 計測技術、数値解析 … 131

第 1 章

材料接合の概要

第1章 材料接合の概要

1.1

接合とは

　接合とは、熱源の利用による冶金的反応、塑性変形による機械的締結力、接着剤のぬれ性を利用することで"モノ"と"モノ"をつなぎ合わせる方法のことを言います。

　接合は、家電製品の精密部品といった精緻なモノから、土木・建築、船舶の部品といった重厚長大なモノを構造体として成立、機能させるための必須の技術となっています。特に、自動車は精密部品から構造部品にいたるまで、様々な部品で構成されており、その要求に応じて、様々な接合工法が使い分けられています（**図1.1**）。

　地球温暖化抑制の観点から、自動車の車体には軽量化が望まれており、その実現のために様々な材料を適材適所に適用したいという強い要請があります。たとえば、金属組織の制御により高強度を発現させている高張力鋼をはじめ、これまで限定的にしか使用されていなかったアルミニウム合金、マグネシウム合金といった軽合金、カーボンファイバを樹脂に複合することで高強度化させているCFRPといった高性能材料です。

　車体を構成する材料の種類、組み合わせ（異種材料含む）の変更に伴い、接合工法の選定、その条件の適正化が必要となり、特に冶金的な反応を伴う接合工法を適用する場合、接合界面の状態を緻密に制御し、新たなメカニズムを引き出せるような接合技術の開発が必要となります。

　材料の進化、その適用による構造体の進化の恩恵を享受するためには、接合の技術進化も必要となります。"モノ"づくりの技術進化において、なくてはならない存在、それが接合です。

1.1 接合とは

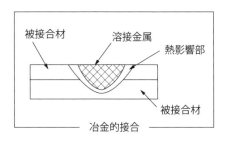
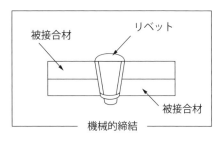
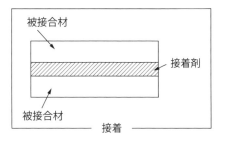

接合は"モノ"と"モノ"をつなぐ技術

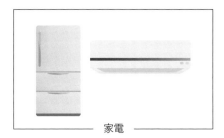

様々な構造体を実現

図1.1　接合とは

第1章　材料接合の概要

1.2

接合の歴史

　接合の起源をさかのぼると、紀元前3000年頃に、中間材を用いた接合である
ロウ付け（銅製の装飾品）、塑性変形を利用した機械的な締結である鍛接（鉄製
の装飾品）が確認されており、その歴史の長さが伺えます。

　現在では、著しい技術進歩により、様々な材料の種類、構造物に適用可能な接
合技術ですが、まずはその歴史を俯瞰していきたいと思います。

　19世紀後半から20世紀の初頭にかけての間は、接合技術開発の黎明期で、電
気エネルギー（アーク現象、ジュール熱）、化学反応エネルギー〔燃焼熱、冶金
的反応熱（テルミット反応）〕といった接合の熱源となりうるエネルギーの基礎
的な検討が行われてきました。その結果、電気エネルギー（アーク現象）を利用
した接合工法であるアーク溶接（MAG溶接（Metal Active Gas Welding）、MIG
溶接（Metal Inert Gas Welding）、およびTIG溶接（Tungsten Inert Gas Welding））
が実用化されました。その後、欧米で実用化された、アーク溶接が国内に導入さ
れ、技術開発が加速されていき、加えて、運動エネルギー（電子ビーム）、励起
エネルギー（レーザビーム）を利用するエネルギー密度の集中度が高く、高効率
な熱源の接合技術、さらに原子の拡散現象を制御し、材料を溶かさない固相状態
で接合する拡散接合についての検討が行われ、実用化されました。このように、
接合工法はエネルギー効率が高く、材料への負荷が少ない形へと進化を遂げまし
た（図1.2）。

　現在では、上記の金属冶金的な接合のみならず、被接合材の塑性変形を利用し
た機械的締結（クリンチング、リベットなど）、接着剤による接着といった接合
工法も開発され、その適用可能な領域を広げています。その結果、要求特性や経
済性に応じて、それらを使い分けることが可能となっています。

　接合の歴史は、モノづくりの進化、そのものであると言えます。

1.2 接合の歴史

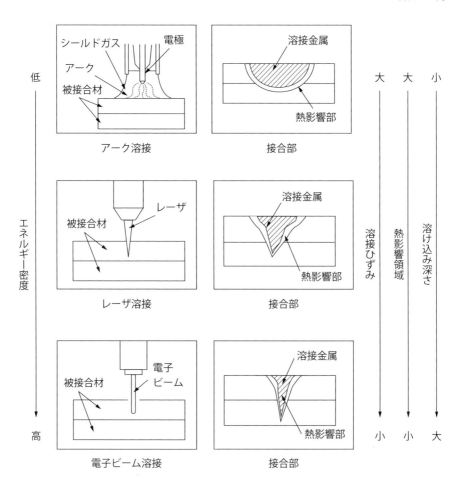

図1.2 接合（溶接）の進化

第1章　材料接合の概要

1.3

接合工法の分類

　接合工法は、冶金的接合としては被接合材を溶融させるか、副資材として中間材を用いるか、もしくは機械的締結、化学的接合といった別の結合メカニズムを利用するか、といった形で、以下のように5つに大別できます。
①溶融接合（液相接合）（液相-液相）
②非溶融接合（固相接合）（固相-固相）
③中間材接合（液相-固相接合）
④機械的締結
⑤化学的接合
　各々の接合工法の特徴は以下のとおりです（**図1.3**）。
［**溶融接合**］
　被接合材を溶融、凝固させることにより液相状態で接合する方法です。一般的に溶接という場合は、この溶融接合のことを指します。アーク溶接、レーザ溶接などがこの分類に該当します。
［**非溶融接合**］
　被接合材間の塑性流動、高温、高加圧の状態で金属原子の相互拡散を利用することにより、被接合材を溶融させることなく、固相の状態で接合する方法です。拡散接合、摩擦圧接、および摩擦撹拌接合（FSW：Friction Stir Welding）、摩擦撹拌点接合（FSSW：Friction Stir Spot Welding）などが、この分類に該当します。
［**中間材接合**］
　被接合材は溶融させることなく、接合界面にはさんだ中間材を溶融させ、そのぬれ性を利用することにより接合する方法です。ロウ付け、はんだ付けなどが、この分類に該当します。高融点（450℃以上）の硬ロウを用いる接合をロウ付け、低融点（450℃以下）の軟ロウを用いる接合をはんだ付けと呼んでいます。
［**機械的締結**］
　リベット、ボルトといった中間材を利用しての締結、クリンチング、ヘミングといった塑性変形を利用しての締結を利用した接合方法です。

6

1.3 接合工法の分類

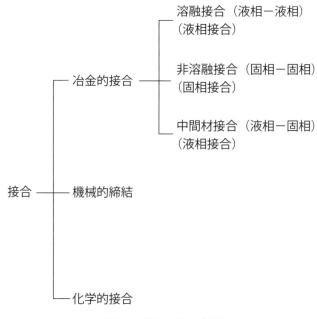

図1.3 接合工法の分類

[化学的接合]

　副資材である接着剤と被接合材とのぬれ性を利用し、密着、固化させることにより接合する方法です。接着剤は、その成分によって有機系と無機系に大別されます。無機系は有機系に比べて耐熱性に優れている反面、硬くて脆いという短所があります。

　実際の生産現場では、これら接合工法を目的、用途に応じて、使い分けています。

第1章 材料接合の概要

1.4
接合工法の選定

　前述のとおり、接合工法を大別すると、(1) 溶融接合（液相－液相）（被接合材を溶融させる）、(2) 非溶融接合（固相－固相）（被接合材を溶融させない）、(3) 中間材接合（液相－固相）（被接合材を溶融させず、中間材を溶融させる）、(4) 機械的締結、および (5) 化学的接合（接着剤を用いる）、という形で分類できます。

　部材に適した接合工法を選定していく際、以下のような点を考慮しながら決定していきます。

[接合領域の形態]

　接合工法によって、点状、線状、面状の接合領域を形成します（**図1.4.1**）。たとえば、点状の接合領域を形成する点接合でいえばスポット溶接、SPR（Self-Piercing Riveting）など、線状の接合領域を形成する線接合でいえばアーク溶接（MAG溶接、MIG溶接、TIG溶接）など、レーザ溶接、面状の接合領域を形成する面接合でいえばロウ付け、接着などがあげられます。線状の接合領域を形成することで、曲げが加わるような部材に適用した場合に、曲げに対する変形抵抗が増大し、剛性を向上することが可能となります。

[接合雰囲気]

　接合プロセス中の接合部近傍の酸化を抑制するために、接合工法によっては接合雰囲気を制御する必要があります。たとえば、アーク溶接でいえば、MAG溶接（不活性ガスであるアルゴンと炭酸ガスを加えた混合ガス）、MIG溶接（アルゴン、ヘリウムといった不活性ガス）、およびTIG溶接（アルゴン、ヘリウムといった不活性ガス）はシールドガスを用いることで接合雰囲気の状態を制御しています。また、電子ビーム溶接は真空中で接合を行うことで、高品質な接合部を得ています。接合雰囲気を制御することで接合継手の品質が向上する反面、その結果、コストにも影響します。接合コスト、接合継手の要求品質の双方を考慮して工法を選定していくことになります。

[一方向（片側）溶接]

　一方向（片側）溶接の可否は、自動車車体部品の設計自由度が大きく変わるた

8

め、重要な要件になります（**図1.4.2**）。電極のレイアウト上、両側からのアクセスが必要なスポット溶接、SPRに対し、アーク溶接、レーザ溶接、（MAG溶接、MIG溶接、およびTIG溶接）は一方向（片側）からの接合が可能です。

[**熱影響の領域の程度**]

　接合に必要なエネルギー密度（接合プロセスのエネルギー集中度）に応じて熱影響の程度が異なります。基本的に熱影響の領域は小さいほうが望ましいです。たとえば、レーザ溶接、電子ビーム溶接はアーク溶接（MAG溶接、MIG溶接、およびTIG溶接）に比べてエネルギー密度が大きいため、熱影響の領域が小さい傾向があります。

[**被接合材表面の酸化皮膜**]

　接合表面の酸化皮膜の状態が接合継手の品質に影響を及ぼすため、接合工法によってはその考慮が必要となります。拡散接合、ロウ付けはフラックス（酸化皮膜、その他表面皮膜、汚れを除去、金属表面を清浄化（活性化）する材料）を用いて、被接合材表面の酸化皮膜を除去しています。特に、アルミニウム合金を接合する場合、その表面に存在する緻密な酸化皮膜は接合を阻害するので、何らかの対策を必要とします。たとえば、上述のフラックス、アーク溶接のクリーニング効果（別章参照）といった方策を利用することになります。

[**部品の寸法精度、生産ばらつきに対する裕度**]

　プレス部品の精度によっては被接合材間には板間のギャップが生じます（**図1.4.3**）。このような部品の寸法精度に対して裕度を有しているかどうかについても工法選定の際の検討項目となります。たとえばスポット溶接は加圧機構を有しているため、板間に多少のギャップがあったとしても、加圧付与によって、板間の影響を小さくすることが可能です。また、スポット溶接の電極の打角にずれが生じる場合があります（図1.4.3）。このような生産ばらつきに対する裕度が必要とされます。

[**接合による発生ひずみ**]

　接合時の加熱、冷却に伴い、部材にはひずみが生じます。熱影響の領域の程度同様、接合に必要なエネルギー密度が高いほど、発生するひずみは小さくなります。熱影響の場合同様、レーザ溶接、電子ビーム溶接はアーク溶接（MAG溶接、MIG溶接、およびTIG溶接）に比べてエネルギー密度が大きいため、ひずみが小さいという傾向があります。要求される部材の寸法精度に対する要件に応じて、工法を選定していくことになります。

第1章　材料接合の概要

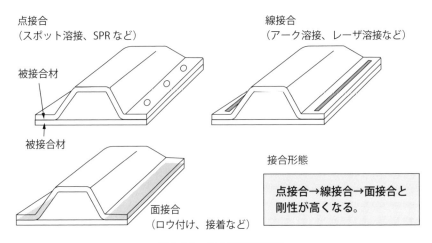

図1.4.1　接合領域の形態

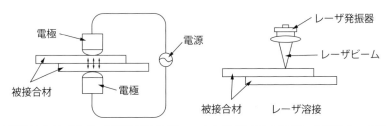

図1.4.2　一方向（片側）溶接

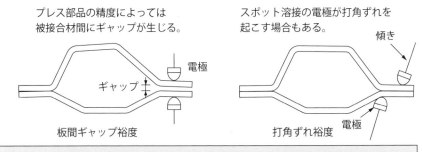

図1.4.3　部材の寸法精度、生産ばらつきに対する裕度

1.4 接合工法の選定

［反応層］

　昨今の自動車車体の軽量化要請から、その実現のために異種材料の組み合わせの接合が求められています。たとえば、鋼とアルミニウム合金を冶金的に接合する場合、接合界面には反応層（金属間化合物層（IMC層）（IMC：Intermetallic Compound））が生成され、反応層の生成状態は接合継手の特性に影響を及ぼすことから、その状態制御が工法には求められます。たとえば、非溶融接合（固相接合）（固相－固相）である摩擦圧接、摩擦攪拌接合（FSW、FSSW）などは被接合材を溶融させず、低温での接合が可能であるため、過剰な反応層の生成を抑制できるため有利です。また、中間材接合（液相－固相）であるロウ付けも被接合材を溶融させず、低温での接合が可能であるため、同様の効果を期待できます。

　上記、検討項目を考慮しながら、接合工法を選定していきます。

第1章　材料接合の概要

1.5

接合継手の形態

　接合継手の形態は接合工法と密接な関係があります。さらに、その形態は部材の特性、コストにも影響を及ぼすため、選定の際には、以下の点に留意する必要があります。

[接合継手の特性把握]

　適用する接合工法、その接合工法によって得られる接合継手に応じて、熱影響の領域、発生するひずみといった特性が異なります。それら特性が部材の設計要件を満たすものであるかどうかを把握しておく必要があります。

[部材特性の低下]

　接合部近傍は構造的、材料的に不連続部となり、応力集中が生じます。その結果、部材の機械特性（強度特性、疲労特性など）が低下します。そのため接合部単体の評価試験によって、その影響を把握する必要があります。また、点状、線状、面状といったように、接合領域の状態によって変形に対する抵抗能（剛性）が変化します。さらに、接合部を設けることにより部材特性の低下のみならず、生産性、コストにも影響します。これら影響を総合的に判断し、接合部を設ける必要性、継手の形態を選定していくことになります。

[品質保証]

　選定する接合工法によって、接合継手には表面欠陥、内部欠陥が生じる場合があります。品質保証の観点で、それら欠陥を検出し、品質の良否が判断できるような検査方法（破壊検査、非破壊検査）を確立しておくことが望まれます。

[生産工程の俯瞰]

　接合継手の形態、接合工法の選定に際し、その決定は一部部門単独では決定できません。量産を考慮し、継手構造の設計は研究開発部門、生産技術部門、および設計部門といった関連部門で連携しながら、部門間の意見を求め、生産工程を俯瞰する必要があります。それら調整に基づき、最終的に接合継手の形態、接合工法の選定をしていくことになります。

　図1.5に接合継手の形態の具体例を示します。接合部の形態として、重ね継手（板面同士）、突合せ継手（板端部同士）、突合せ継手〔軸物端部同士（丸棒、円

12

1.5 接合継手の形態

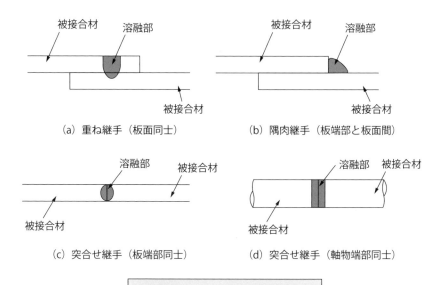

図1.5 接合継手の形態

筒)〕、および隅肉継手（板端部と板面間）があります。部品形状、設計上の要件から様々な接合部の形態がとられます。たとえば、重ね継手はスポット溶接、突合せ継手（板端部同士）はアーク溶接（MAG溶接、MIG溶接、およびTIG溶接）、突合せ継手（軸物端部同士）は摩擦圧接、隅肉溶接（板端部と板面間）はアーク溶接を適用することで得られます。

［重ね継手（板面同士）］

重ね継手（板面同士）は、スポット溶接で使われており、自動車車体に広く使われている継手構造です。板面間にギャップがあっても、接合工法に加圧機構が備わっていれば、加圧付与により、そのギャップを吸収することが可能です。そのため、加圧機構を有する接合工法は重ね継手の形成に有利となります。

［突合せ継手（板端部同士）］

突合せ継手（板端部同士）は、アーク溶接（MAG溶接、MIG溶接、およびTIG溶接）で使われています。板端部にギャップがあっても、接合時の溶融領域が広い場合、そのギャップを吸収することが可能です。そのため、溶融領域が広い接合工法は突合せ継手の形成に有利となります。

第1章　材料接合の概要

［隅肉継手構造（板端部と板面間）］

　隅肉継手（板端部と板面間）は、アーク溶接（MAG溶接、MIG溶接、および TIG溶接）で使われています。隅肉に溶融金属を盛る必要があるため、電極の溶融、溶加材といった材料を供給できる接合工法が選定されます。

［突合せ継手〔軸物端部同士（丸棒、円筒）〕］

　突合せ継手〔軸物端部同士（丸棒、円筒）〕は、フラッシュ溶接、アプセット溶接、および摩擦圧接で使われている継手構造です。本継手構造は、被接合材を回転させながら接触させ、その摩擦熱を利用して接合する摩擦圧接には、特に適した継手構造です。

　これらの継手選定に対する留意点、各々の継手構造の特質を考慮しながら、継手の形態を選定していくことになります。

1.6

鋼の接合性

鋼の接合では、溶接の熱履歴による低温割れの制御が特に重要となります。

[低温割れ]

炭素鋼を例にとって説明します。炭素鋼は、C（炭素）が添加されている量によって低炭素鋼、中炭素鋼、および高炭素鋼に分類されます。Cの添加量が多い中炭素鋼、高炭素鋼では「溶接金属」の周囲に形成される「熱影響部」で割れが生じる場合があります。これは、接合時の入熱によって、硬くて、脆いマルテンサイトを生成するためです。その他、結晶粒の粗大化、急熱、急冷による焼き入れ効果も割れの要因となっています。そこで、溶接時の熱履歴（加熱速度、最高到達温度、および冷却速度）の管理を行うことで、割れを防止することが重要となります。たとえば、アーク溶接（MAG溶接、MIG溶接、およびTIG溶接）を適用する際、急熱、急冷での溶接を避け、予熱（溶接パスの追加）、後熱処理を用いることで、継手特性の改善を行います。

[遅れ破壊]

接合性を改善するために用いるフラックス中、および雰囲気を制御するためのシールドガス中に、不純物として含まれる水分が分解して、水素を生成する場合があります。生じた水素が、「熱影響部」のマルテンサイトに拡散すると脆化が生じます。この脆化は水素脆化と呼ばれ、その脆化により遅れ破壊と呼ばれる破壊が生じます。そのため、接合時には水分の浸入を防ぐよう注意する必要があります。

[残留応力]

接合部の加熱、冷却に伴う膨張、収縮によって応力が発生し、残留応力として残存する場合があります。引張の残留応力が生じた場合、水素の浸入による水素脆化のみならず、応力腐食割れも生じやすく、注意が必要です。また、引張の残留応力は、割れの発生のみならず疲労強度の低下にもつながるので、熱処理、ピーニング処理といった方法により除去することが望ましいです。

第1章　材料接合の概要

1.7

アルミニウム合金の接合性

　アルミニウム合金の接合では、接合の阻害要因である表面の酸化皮膜の除去が特に重要となります。

[熱伝導]

　アルミニウム合金の熱伝導率は鋼の約3倍程度（鋼：約40～60（W/m・K）、アルミニウム合金：約160（W/m・K））であり、接合時の入熱が逃げやすいことから、接合条件はそれを考慮して決定していく必要があります。また、接合工法も局所的な加熱が可能であるという点で電子ビーム溶接、レーザ溶接といった高エネルギー密度の熱源が向いています。

[電気抵抗]

　アルミニウム合金の電気抵抗率は鋼の約1/5程度（鋼：約16～25（$\mu\Omega$・cm）、アルミニウム合金：約3～4（$\mu\Omega$・cm））と小さいため、通電時のジュール熱を利用する、スポット溶接、抵抗シーム溶接といった抵抗溶接を適用する際には注意を要します。アルミニウム合金は、鋼に比べて電気抵抗によるジュール熱が小さいため、大電流を要することになります。さらに、熱伝導率が大きいため、短時間での接合が要求されます。

[酸化皮膜]

　アルミニウム合金表面は、Al（アルミ）の酸化物であるAl_2O_3で覆われており、その存在が接合を阻害します。そこで、接合性を確保するためには、酸化物を除去する方策が必要となります。たとえば、ロウ付け、拡散接合ではフラックスと呼ばれる材料を利用して、酸化皮膜を除去します。また、アーク溶接（MAG溶接、MIG溶接、およびTIG溶接）では、電極側をプラス、被接合材側をマイナスにし、クリーニング効果と呼ばれる現象を発現させ、酸化皮膜を除去します。

[熱影響]

　アルミニウム合金には大きく分けて、熱処理材（2000系、6000系、7000系）、非熱処理材（1000系、3000系、5000系）の二種類の材料があります。熱処理材、非熱処理材ともに、接合部の溶融部近傍の熱影響部が軟化するため、継手強度は母材強度同等の強度を得にくいという特性があります。自動車の車体は、衝突規

制、排ガス規制が厳しくなるに伴い、軽量化の要請から、アルミニウム合金の適用が増えています。その際、上記のような点を考慮する必要があります。

1.8 樹脂の接合性

樹脂は、その熱的性質により、熱硬化性樹脂と熱可塑性樹脂との二種類に大別されます。樹脂の素材特性の違いで適用可能な接合工法が異なります。

[熱硬化性樹脂]

エポキシ、ポリエステルといった熱硬化性樹脂は熱を付与すると、一旦は溶融し、冷却すると凝固するものの、再度、熱を付与しても、溶融することはありません。また、そのほとんどが溶剤に溶解することがありません。

[熱可塑性樹脂]

ナイロン、ポリカーボネートといった熱可塑性樹脂は熱を付与すると溶融し、冷却すると凝固します。この特性が金属材料と同様、複数回繰り返しても、溶融、凝固という状態変化を示します。また、その多くは溶剤に対して溶解するという性質を持ちます。

このような特性の違いを示すため、熱可塑性樹脂、熱硬化性樹脂に適用できる接合方法は異なるものとなります。

樹脂の主な接合方法としては、(1) 機械的締結（ボルト、ねじ、リベットなど）、(2) 接着、(3) 溶剤接合、および (4) 溶着による接合があります（図1.6）。

[機械的締結]

機械的締結については、熱硬化性樹脂、熱可塑性樹脂にかかわらず、全ての樹脂に適用することが可能です。ただし、ボルト、ねじ、リベットといった副資材を用いるため、コストアップ、重量増が生じることに注意する必要があります。

[接着]

接着は、基本的に全ての樹脂に適用可能ですが、溶剤接合に適するような非極性（非極性：樹脂分子の内部で電子密度の高い部分と低い部分が分かれていない状態）の熱可塑性樹脂には適用できません。

第1章 材料接合の概要

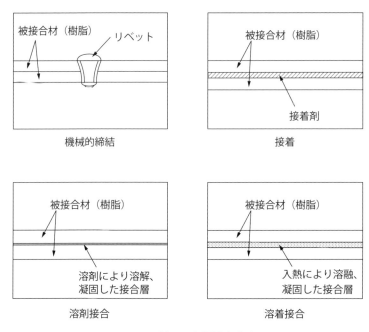

図1.6 樹脂の各種接合方法

[溶剤接合]
　溶剤接合は、非極性の熱可塑性樹脂に適用することが可能です。溶剤により溶解し、凝固することで接合します。結晶性の熱可塑性樹脂、熱硬化性樹脂には適用できません。

[溶着接合]
　溶着による接合は熱硬化性樹脂以外の樹脂に適用できます。金属材料の場合の溶融接合と同様、熱源によって被接合材を溶融、凝固させることで接合します。接合工法としては熱風加熱、熱板加熱、高周波加熱、および超音波加熱といった溶着工法が用いられます。

コラム① ハイブリッド接合

　ハイブリッド接合とは、性質の異なる二つの接合工法の互いの長所を活かして接合する方法です。

　たとえば、レーザ溶接とアーク溶接（MIG溶接）のハイブリッド接合の場合、各々の工法の長所、短所は以下のとおりです。レーザ溶接はエネルギ集中度が高いことから、長所として、溶け込み深さが大きい接合部を得ることができるという点、短所として、寸法精度（重ね継手の板間ギャップ、突合せ継手の隙間）に対する裕度は小さいという点があります。アーク溶接

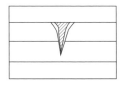
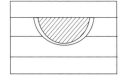
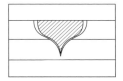

レーザ溶接　　　　　　MIG溶接　　　　　　レーザ溶接＋MIG溶接

図1　ハイブリッド接合（レーザ溶接＋MIG溶接）の接合部断面

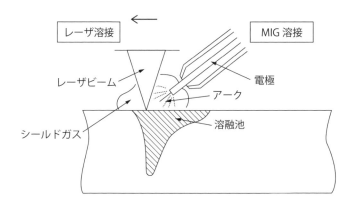

図2　ハイブリッド接合（レーザ溶接＋MIG溶接）の接合状態

（MIG溶接）は、長所として、溶融領域が広く寸法精度に対する裕度が大きいという点があり、短所として、レーザ溶接に比べて、溶け込み深さが小さいという点があります。このようなレーザ溶接、アーク溶接（MIG溶接）の互いの長所を活かすことで、高い寸法精度に対する裕度で、溶け込み深さが大きな接合部を得ることができます（図1）。

　図2にハイブリッド接合（レーザ溶接+MIG溶接）の接合状態を示します。MIG溶接における溶加材である電極が隙間ギャップを埋めながら、レーザ溶接によって深い溶け込み深さを得ることができます。また、通常のMIG溶接よりも溶接速度を大きくすることができ、溶接ひずみを抑えることができます。

第 2 章
接合工法と自動車への応用

第2章　接合工法と自動車への応用

　接合する部品の形状、構造に応じて、接合の熱源を考慮し、様々な接合工法が
使い分けられています。本章では、自動車用途で使われる接合工法と、その特徴
について紹介したいと思います。

2.1

溶融接合（液相－液相）

2.1.1　被覆アーク溶接

　被覆アーク溶接とは、金属心線に被覆剤（フラックス）を塗装した被覆アーク
溶接棒を用い、溶接棒と被接合材との間に通電によるアーク（被接合材と溶接棒
の電位差によって気体分子がイオン化しプラズマを形成、その結果、通電、発熱
する現象）を発生させ、そのアーク熱を利用して、接合する方法です。

　図2.1に被覆アーク溶接の接合状態を示します。溶接棒と被接合材との間に
アークを発生させ、溶接棒をはさんだホルダで溶接方向を操作します。溶接棒の
中心は心線が配され、心線の周囲に被覆剤が塗装されています。溶接棒の両端
は、アークを発生させる側、ホルダでつかむ側で構成されています。

　心線の材料は被接合材の種類によって異なるものが使用されますが、心線が溶
融し接合部を形成するため、基本的には被接合材の材種に合わせたものを用いま
す。たとえば、被接合材が鋼の場合には鋼、アルミニウム合金の接合にはアルミ
ニウム合金の心線の溶接棒を使用します。

　被覆剤には、（1）アークの安定化、（2）酸化防止、および酸化状態の還元、
（3）心材素材への元素の添加といった役割があります。これら役割を効率的に発
揮させるために、種々の材料を所定量混合して被覆剤は作製されます。

　本接合工法は大きな装置を必要とせず、簡便で、適用範囲も広いことから、古
くから長い間アーク溶接の中心的溶接法として用いられてきました。しかし、経
済性に優れ、ロボットとの組み合わせにより自動化が可能なMAG、MIG溶接の
普及に伴い、適用される割合が低下しました。

2.1.2　アーク溶接（MAG溶接、MIG溶接）

　MAG溶接（Metal Active Gas Welding）、MIG溶接（Metal Inert Gas Welding）

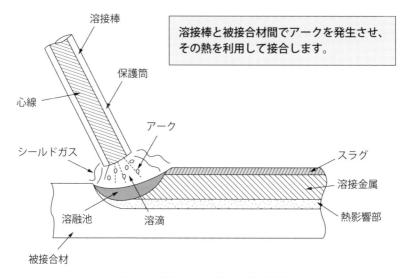

図2.1　被覆アーク溶接の接合状態

とは不活性ガスと炭酸ガスの混合ガス、または不活性ガスのシールドガス雰囲気中で、供給するワイヤ（電極）と被接合材の間にアークを発生させ、そのアーク熱を利用して、ワイヤと被接合材を溶融させて接合する方法です。雰囲気制御に不活性ガスであるアルゴンと炭酸ガスとの混合ガスを用いる接合方法をMAG溶接、アルゴン、ヘリウムといった不活性ガスを用いる接合方法をMIG溶接と呼んでいます。

図2.2にMAG溶接、MIG溶接の接合状態を示します。供給するワイヤ（溶加材）が電極として機能し、被接合材との間で発生するアークによる発熱でワイヤと被接合材が溶融し、接合されます。基本的に溶接ワイヤはノンフラックスのソリッドワイヤを用います。また、溶接電源はアークの安定性から直流電源とし、ワイヤ側をプラス電極としています。アルミニウム合金の接合は、シールドガスを純アルゴンとし、被接合材側をマイナスとすることで陽イオンが被接合材に衝突し、その衝撃によって酸化皮膜が破壊、除去されるといったクリーニング効果が生じ、その効果を積極的に利用し溶接を行います。鋼の溶接に、シールドガスを純アルゴンとすると、アークの陰極点が被接合材表面で安定しないため、酸素、または炭酸ガスを数％程度混合して、これを防いでいます。

MAG溶接、MIG溶接の長所として、TIG溶接（後述）と比べた場合、(1) 溶

> 電極が消耗されて、溶接金属を形成するため、接合プロセスが進行するにともない、電極ワイヤが供給されます。溶接金属は、アークの熱によって溶融した被接合材と溶融したワイヤ（電極）によって形成されます。

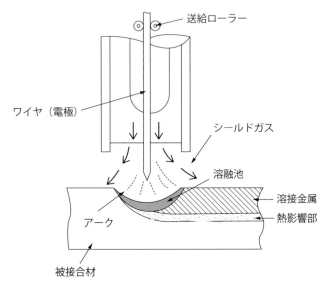

図2.2　MAG溶接、MIG溶接の接合状態

接速度が速い、(2) 溶け込み深さが深い、といった点があげられます。その一方で、短所として、(1) 薄板の溶接が困難である、(2) スパッタが発生しやすい、(3) 内部欠陥が発生しやすい、といった点があげられます。このような長所、短所を把握した上で溶接工法を使い分けていくことになります。

本工法は、自動車用途ではサスペンションメンバー、ロアアーム、サブフレーム（**図2.3**）などの接合に適用されています。

2.1.3　アーク溶接（TIG溶接）

TIG溶接（Tungsten Inert Gas Welding）とは、不活性ガス（アルゴン、ヘリウム）中で電極（タングステン）と被接合材との間にアークを発生させ、このアーク熱を利用して被接合材と溶加材を溶融させて接合する方法です。

2.1 溶融接合（液相－液相）

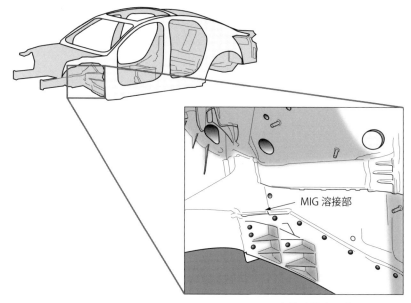

フロントサイドメンバー

図2.3　自動車部品への適用事例（フロントサイドメンバー）

　図2.4にTIG溶接の接合状態を示します。溶接電極棒自身が溶加材を兼ねる消耗電極式の溶接法（MIG溶接、MAG溶接）とは異なり、タングステン電極が消耗することはありません。さらに、TIG溶接の場合、入熱量と溶加材の添加量を独立に制御できるという特徴があります。溶接電源は、直流、交流ともに用いられますが、直流の場合、タングステン電極側をプラスにするか、マイナスにするかで溶接の状態が大きく異なります。タングステン電極側をプラスにとった場合、被接合材側がマイナスとなり、被接合材表面の酸化皮膜が破壊、除去されるクリーニング効果が発現します。

　図2.5にクリーニング効果の状態を示します。接合時に酸化皮膜の存在が問題となるアルミニウム合金の接合には、このクリーニング効果を利用することで良好な接合部を得ることができます。しかしながら、タングステン電極がプラスの場合はアークの陰極点が被接合材表面で安定せず、入熱の集中性が悪くなるため、広幅の浅溶け込みの接合部となります。そのため、狭幅の深溶け込みの接合部を得るために、クリーニング作用を必要としない鋼の接合にはタングステン電極側がマイナスでの接合が行われています。交流電源の場合は、上記二種類の直

25

第2章 接合工法と自動車への応用

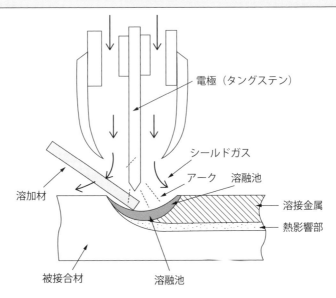

図2.4 TIG溶接の接合状態

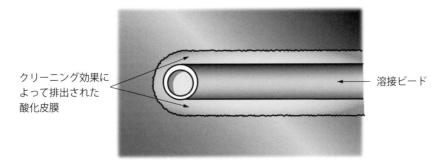

図2.5 TIG溶接のクリーニング効果の状態

流電源の中間的な接合性となります。交流電源を用いる際、インバータ電源とすることで、タングステン電極のプラス、マイナスの時間比率、電流値を任意に選べるのでクリーニングの状態、溶け込み形状の制御が可能となります。

TIG溶接は機構上、手動での使用がメインとなります。そのため、小物部品や補修といった限定的な適用範囲で使われているのが現状です。

自動車用途では、Audiのオールアルミニウム合金ボディの車体の接合に適用されています。

2.1.4　レーザ溶接

レーザ溶接とは、レーザ光を熱源として利用することにより被接合材を接合する方法です。

レーザ光は指向性、集光性に優れていることから、高いエネルギー密度を得ることができます。そのため、局所的な入熱が可能となり、入熱による熱影響の領域を抑えることが可能となります。自動車用途のレーザ光の種類としては、混合ガスの発振器を用いるCO_2レーザ、固体の発振器を用いるYAGレーザがあげられます。YAGレーザは光ファイバーでのレーザ伝送が可能であることから三次元溶接が可能となります。レーザ溶接では、発振器から発振されたレーザ光をレンズにより集束し被接合材に照射します。

現在は、YAGレーザ、CO_2レーザに加え、新たに、固体の発振器を用い、エネルギー変換効率が高いディスクレーザ、ファイバレーザが実用化されています。これらは、高輝度、集光性能が良いため、焦点距離を拡大でき、リモートでの溶接が可能となっています。

レーザ光が照射された場所にはキーホール（キャビティ）を形成し、周囲は溶融した被接合材（溶融池）で満たされます。キーホールが移動するに伴い、溶融池後方の被接合材が凝固し、接合されます。レーザ溶接はキーホールの形成含め、接合部形成機構は電子ビーム（後述）のそれとほぼ同等ですが、真空中で溶接される電子ビーム溶接に比べると、同一出力に対して、レーザ溶接では溶け込み深さが浅くなります。これは、レーザ溶接中に発生する金属蒸気やプラズマに多くのエネルギーが吸収されてしまっていることによります。

本工法は、自動車の車体全般の接合に広く適用されています（**図2.6**）。

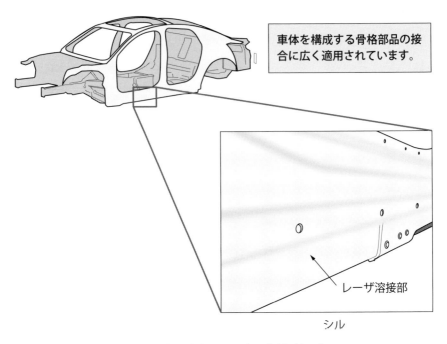

図2.6　自動車部品への適用事例（シル）

2.1.5　電子ビーム溶接

電子ビーム溶接とは、真空中で陰極から放出された電子を高電圧で加速し、これを集束させた電子ビームのエネルギーを熱源として利用して接合する方法です。

図2.7に電子ビームの接合状態を示します。電子ビーム溶接機は電子銃、集束レンズ、偏向レンズ、および溶接室から構成されています。真空状態で陰極フィラメントを加熱することで熱電子を放出させます。陰極―陽極間に高電圧を付与することで電子を加速することによって得られる高速電子流を集束レンズ、電磁コイルで集束し、被接合材に衝突させます。ビーム照射点では被接合材の沸騰、蒸発を伴う穿孔現象を生じ、いわゆるビーム孔を形成します。電子ビームの移動に伴い、溶融した被接合材は移動方向の後方に集まり、ビーム孔の後部に溶融池を形成し、本接合法特有の狭幅、深溶け込みの接合部を形成します。

本接合法の長所としては、(1) 狭幅で深溶け込みの接合部の形成、(2) 狭熱影響領域、小溶接変形（高エネルギー密度の熱源による入熱エリアの局所化）、(3) 高精度、高速溶接、(4) 活性金属（チタン、タンタルなど）の接合、がありま

2.1 溶融接合（液相-液相）

電子銃から放出された電子を陰極と陽極で加速し、集束レンズと偏向コイルで電子の向きをそろえます。加速した電子の運動エネルギーを熱に変換して接合します。

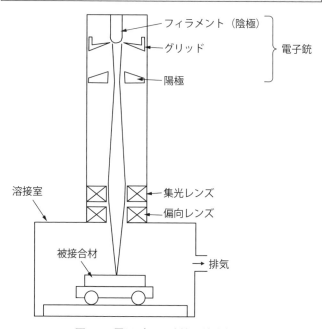

図2.7　電子ビーム溶接の接合状態

接合によって、多部品の組み立てが可能となり、部品の小型化、軽量化が可能となります。

図2.8　自動車部品への適用事例（トランスミッションギア）

29

す。その一方、短所としては、(1) 高設備投資コスト（装置が精密・複雑）、があります。

本工法は、自動車用途ではトランスミッションギア（図2.8）、クラッチ部品の接合などに適用されています。

2.1.6 プラズマ溶接

気体が、高温に加熱されると陽イオンと電子に電離した状態が生じます。この状態はプラズマと呼ばれています。アーク溶接に用いられるアークもプラズマの一種であり、このプラズマ状態のアークを周囲から冷却するとその径が収縮して、プラズマ温度が上がるという性質があります。このような性質は熱的ピンチ効果と呼ばれています。

プラズマ溶接とは、プラズマを発生させるための動作ガスと拘束ノズルとによって、アークの熱的ピンチ効果を生じさせて得られる高エネルギー密度のプラズマを熱源として、接合する方法です。

図2.9.1にプラズマ溶接の接合状態、図2.9.2に熱的ピンチ効果の状態を示します。電極と被接合材の間にプラズマを発生させ、その熱によって接合を行います。溶接電源は直流タイプを使用することが多く、鋼の接合には電極マイナスのトーチが用いられますが、アルミニウム合金の接合にはクリーニング作用の観点

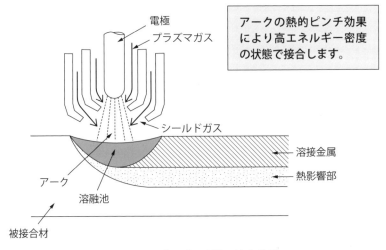

図2.9.1　プラズマ溶接の接合状態

2.1 溶融接合（液相 – 液相）

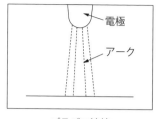
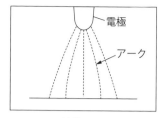

プラズマ溶接は熱的ピンチ効果により高エネルギー密度の細いアークが形成される

図2.9.2　熱的ピンチ効果の状態

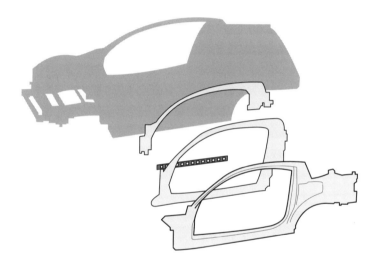

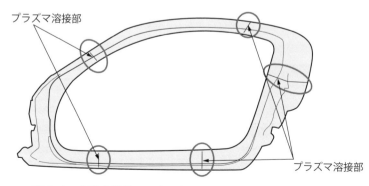

図2.10　自動車部品への適用事例（ボディサイドパネル）

31

から電極プラスのトーチが用いられます。プラズマを発生させる動作ガスには、通常アルゴンもしくはアルゴンと水素の混合ガスなどを用い、さらに溶接部を大気から遮へいするため、アルゴンなどの不活性ガスをシールドガスとして使用します。プラズマ溶接では、直径2～5mm程度のプラズマアークの中に高密度なエネルギーが集中していますので、その溶け込みは深く細く、突合せ溶接の場合でも、プラズマアーク直下にキーホール型の穴を作りながら接合されます。いわゆるキーホール溶接が可能です。また、エネルギー密度が高いため、極小電流でも安定して溶接が行うことが可能であり、熱影響部の領域を小さく抑えることができます。さらに、そのような特性から極薄板の溶接も可能です。

本工法は、自動車用途では、インナーパネルなどの接合に適用されています（**図2-10**）。

2.1.7 スポット溶接

スポット溶接とは、電極間に被接合材をはさみ、電極により加圧しながら短時間で大電流を流すことで、被接合材間の接触抵抗、および被接合材の体積抵抗によって発生するジュール熱を利用して接合する方法です。

図2.11にスポット溶接の接合状態を示します。電流が流れることで発生するジュール熱によって、被接合材界面近傍には楕円上のナゲットと呼ばれる溶融部

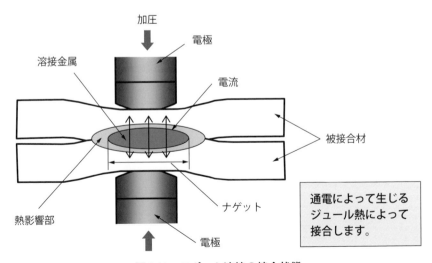

図2.11　スポット溶接の接合状態

が形成されます。抵抗溶接のメインとなる接合パラメータは加圧力、溶接電流、および通電時間です。これらパラメータを制御することで、要求される接合強度に応じた、所望のナゲット径を得ることができます。

被接合材の種類と、接合性の関係については以下のとおりです。軟鋼板は接合性が良好で特別な処置、対応は不要です。高張力鋼（ハイテン）は焼きが入りやすいことから、焼き戻し用の通電（テンパ電流）を追加します。また、被接合材をなじませ、電極との接触領域を確保し、発熱状態を均一にするため、軟鋼板に比べ加圧力を大きくとります。さらに、亜鉛めっき鋼板はめっき層が柔らかい点、亜鉛の融点（溶融亜鉛めっき（Zn）440℃、合金化溶融亜鉛めっき（FeZn$_8$）530〜665℃）が鋼の融点（1480℃）より低い点から、通電経路が拡大し、電流密度が小さくなるため、裸の軟鋼板に比べて大電流を必要とします。アルミニウム合金は電気抵抗が小さく、熱伝導が大きいので、大電流、短時間通電を必要とします。

溶接電源には、交流式（単相、三相）、直流式（単相、三相、インバータ制御、およびコンデンサ放電）が用いられ、上記用途に応じて使い分けられています。

重ねた被接合材を電極ではさんで接合する単点の溶接のみならず、(a) インダイレクト溶接（電極を横に並べて接合）、(b) マルチスポット溶接（複数の制御

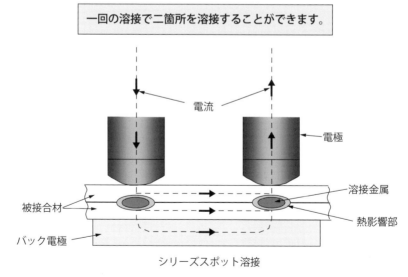

図2.12　シリーズスポット溶接の接合状態

回路により同時に多点を溶接)、および (c) シリーズスポット溶接法 (電極を横並びさせ、電流の分流、発熱位置を考慮して一回の溶接で二箇所を溶接) も利用されています (図2.12)。

本工法は、自動車の車体全般の接合に広く適用されています (図2.13)。

2.1.8 シーム溶接

シーム溶接とは、抵抗溶接の一種で、重ねた被接合材の上下間を円板状の電極で挟み、電極を回転させながら加圧し、断続的、もしくは連続的に通電し、発生するジュール熱によって線接合する方法です。一般的に、通電方式として、断続的な通電は低速の溶接、連続的な通電は高速の溶接に用いられます。スポット溶接が点接合であるのに対し、シーム溶接は線接合であり、接合プロセス中に接合部が順次、線状に形成されていきます。

本接合法の長所としては、(1) 水密性、気密性を有する接合部の形成、があります。その一方、短所としては、(1) 発熱に寄与しない無効電流 (分流) の発生による大電流の付与、があります。

図2.14にシーム溶接の接合状態を示します。重ねられた被接合材を上下から

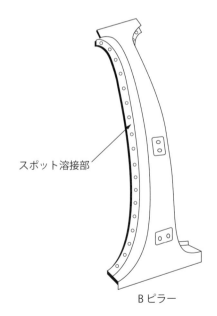

図2.13　自動車部品への適用事例 (Bピラー)

円板状の電極で挟み、加圧、回転しながら通電し、接合します。

本工法は、自動車用途ではフューエルタンク（図2.15）、リザーバータンクなどに適用されています。

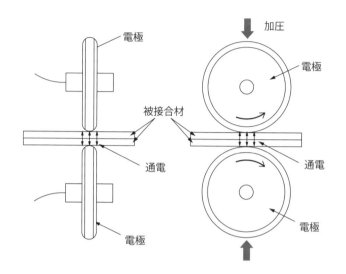

図2.14　シーム溶接の接合状態

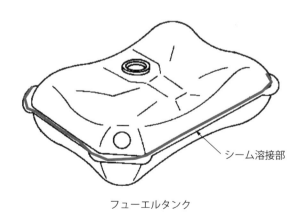

図2.15　自動車部品への適用事例（フューエルタンク）

2.1.9 アプセット溶接

アプセット溶接とは、抵抗溶接の一種で、被接合材の端部を突き合わせ、加圧しながら通電させ、発生するジュール熱によって軟化した被接合材にさらなる高加圧（アプセット加圧）を付与し、圧接する接合方法です。

本接合方法は、基本的に、高温軟化した被接合材に高加圧（アプセット加圧）付与により、被接合材に塑性流動を生じさせ、固相の状態で接合するというのがメインの使い方ですが、被接合材表面の極表層を溶融させて接合する場合もあります。固相の状態で接合する場合は熱影響が少ないため、母材同等の接合継手強度が得られます。その一方、接合界面に被接合材表面の酸化皮膜が残存しやすく、その結果、継手強度の低下、およびバラツキにつながる場合があります。そこで、被接合材表面の酸化皮膜の排出、除去の促進を優先する場合は、被接合材表面の極表層を溶融させます。

このように、熱影響低減と酸化皮膜の除去はトレードオフの関係にあるため、状況に応じて使い分けています。また、被接合材の断面が大きいと酸化皮膜の排出、除去が進まず、残存してしまうため、その大きさにも限界があります。また、薄肉の板、管を接合する際、座屈が生じる場合もあることにも注意する必要があります。

図2.16にアプセット溶接の接合状態を示します。接合装置は、溶接電源、電極、被接合材をクランプする装置、および加圧、電流の制御装置で構成されています。図に示すように、被接合材を付き合わせた状態で通電させ、軟化した被接合材に高加圧（アプセット加圧）を付与し、接合します。

アプセット溶接のバリエーションとしてはプロジェクション溶接（後述）に見られるように、接合面に電流密度を集中させるような形状を加工する、接合面を突き合せない状態で電圧を印加、その後、接合面を接触させて接触抵抗による発熱を利用する、といった方法もあります。

本工法は、自動車用途ではチェンジレバー、ホイールリムの接合などに適用されています。

2.1.10 フラッシュ溶接

フラッシュ溶接とは、被接合材の端部を突き合わせ、抵抗発熱によるジュール熱と接触状態で発生するアーク熱を利用して接合する方法です。

図2.17にフラッシュ溶接の接合状態を示します。被接合材の端面が相対する

2.1 溶融接合（液相－液相）

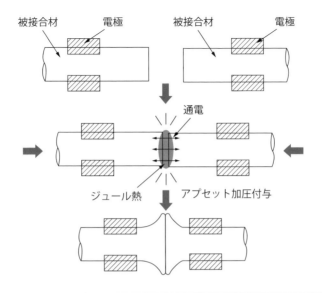

通電によるジュール熱とアプセット加圧によって接合します。

図2.16　アプセット溶接の接合状態

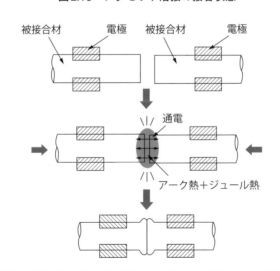

アーク熱と通電によるジュール熱を利用して接合します。

図2.17　フラッシュ溶接の接合状態

第2章　接合工法と自動車への応用

ように配置します。端面同士を接触させるべく、クランプした状態で移動させます。端面が接触すると、接触部に集中的に通電、ジュール熱が発生します。それと同時に、アークが発生、アーク熱が発生します。その状態で、さらに端面を押し付けていくことで、アークの発生領域を拡大し、広い接合領域を形成します。結果、突き合わせ接合継手が得られます。フラッシュ溶接では抵抗発熱によるジュール熱と接触状態で発生するアーク熱を利用するため、抵抗発熱によるジュール熱のみを利用するアプセット溶接に比べて端面での発熱が大きく、断面積の大きい突合せ接合継手を得ることが可能です。

　溶接装置の構成はフラッシュ溶接とアプセット溶接では変わりませんが、フラッシュ溶接の場合は、アプセット溶接に比べて大電流を要し、端部の接触状態の管理には精度と応答性が要求されます。フラッシュ溶接の接合継手は、アプセット溶接と同様、熱影響部が局所的であることから、母材と同等の継手強度が望めます。また、接合終了時点でアプセット溶接ほど高加圧を付与しないため、平板やパイプといった薄肉の部材についても、座屈させることなく接合が可能です。

　本工法は、自動車用途ではホイールリム（**図2.18**）、ステアリングシャフト、エンジンバルブなどの接合に適用されています。

2.1.11　プロジェクション溶接

　プロジェクション溶接とは、抵抗溶接の一種であり、被接合材の片側に突起（プロジェクション）を設けて、その突起部に電流を集中させ、その際に発生するジュール熱を利用して接合する方法のことを言います。

　プロジェクション溶接の特徴として、突起部に電流を集中させることで効率的にジュール熱を発生させることができる点です。そのためには、突起形状の精度、均一な加圧力、接合プロセス中の突起の変形に応じた電極の追従性といった特性が要求され、溶接機には高剛性、高精度が必要となります。プロジェクション溶接の長所として、(1) スポット溶接と比べた場合、発熱箇所が電極先端ではないという点、フラットな電極を利用できるという点から、電極の寿命が長いという点、(2) 多点同時接合を行う際、スポット溶接のシリーズスポット溶接のように分流が生じないため、その間隔を狭くすることができるという点、があげられます。その一方、短所として、(1) 突起形状の精度、均一な加圧力、接合プロセス中の突起の変形に応じた電極の追従性といった特性が要求されるという点、

2.1 溶融接合（液相−液相）

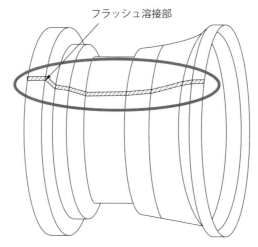

図2.18　自動車部品への適用事例（ホイールリム）

（2）スポット溶接と比べた場合、高電圧、高電流が必要であるという点、があげられます。

図2.19にプロジェクション溶接の接合状態を示します。（a）にナットプロジェクション、（b）にリングプロジェクションを行う状態を示します。ともに突起部に電流が通電する際に発生するジュール熱を利用して接合します。（b）のリング状の接合は水密性を確保することができます。

本工法は、自動車用途では、ナットの取付けなどに適用されています。

2.1.12　スタッド溶接

スタッド溶接とは、スタッド（ボルト、丸棒等など）と被接合材間に通電し、アークを生じさせ、そのアーク熱を利用して、スタッドを被接合材に直接取り付ける接合方法です。

ここでは、スタッド溶接のうち、サイクアーク方式、フィリップス方式について紹介します。

図2.20にスタッド溶接の接合状態を示します。（a）サイクアーク方式では、スタッドの先端にフェルールをかぶせ、スタッドの先端部を被接合材に接触させ、通電します。スタッドを引き上げると、スタッドと被接合材間でアークが発生します。スタッドと被接合材間の距離を制御することでアークが持続的に発生

39

第2章 接合工法と自動車への応用

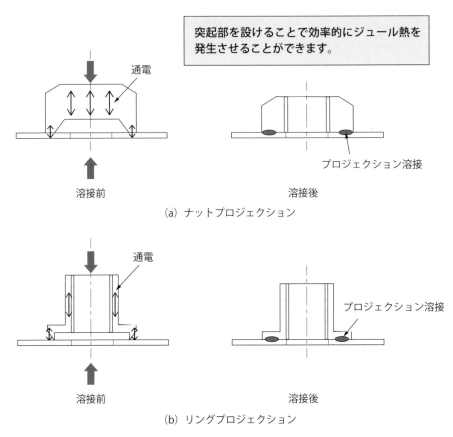

図2.19 プロジェクション溶接の接合状態

し、スタッドと被接合材の溶融がなされます。所定時間のアーク付与による溶接後にアプセット加圧が付与されます。接合完了後、フェルールは壊して取り除かれます。(b) フィリップス方式では、カートリッジと呼ばれる補助材を使います。スタッドの先端にカートリッジを設置、被接合材に近づけます、通電するとカートリッジが赤熱、熱電子を放出し、アークが生じます、所定時間のアーク付与による溶接後にアプセット加圧が付与されます、カートリッジはスラグとなり、被接合材の酸素を還元し、接合継手が得られます。

サイクアーク方式とフィリップス方式の大きな相違点は、アークの発生状態にあります。サイクアーク方式はスタッドと被接合材を接触させることでアークを発生しますが、フィリップス方式は、カートリッジが通電によって赤熱、熱電子

2.1 溶融接合（液相－液相）

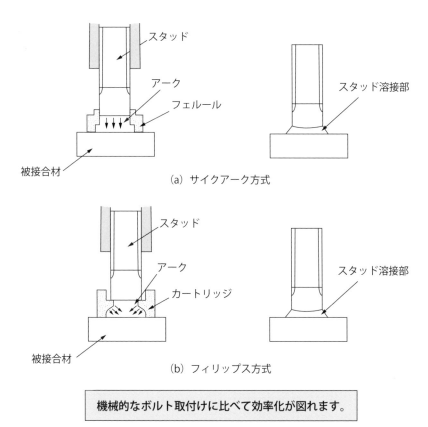

(a) サイクアーク方式

(b) フィリップス方式

機械的なボルト取付けに比べて効率化が図れます。

図2.20 スタッド溶接の接合状態

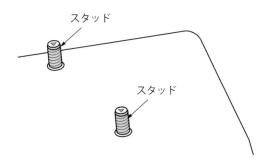

図2.21 自動車部品への適用事例（内装トリム取付け用ボルト）

41

第2章 接合工法と自動車への応用

の放出により、スタッドと被接合材は非接触の状態でアークを発生します。

サイクアーク方式、フィリップス方式ともに、スタッドのセットから接合が完了するまでの時間は数秒程度であり、機械的なねじ込みに比べて、効率化が図れます。

本工法は、自動車用途では、内装トリム取付け用ボルトなどの接合に適用されています（**図2.21**）。

2.2 非溶融接合（固相－固相）

2.2

非溶融接合（固相－固相）

2.2.1 摩擦圧接

摩擦圧接とは、被接合材の接合したい面同士を突合わせて相対的に回転させ、接触面に発生する摩擦熱を利用して接合する接合方法です。

摩擦圧接の方式には、（a）ブレーキ式、（b）フライホイール式があり、各々の方式の特徴は以下のとおりです。

ブレーキ式は回転を急停止するために大容量ブレーキが必要となり、大径材には向きません。その一方、フライホイール式は接触面に発生する摩擦力をブレーキとして利用するので、大径材の接合に向いています。また、本工法の適用対象は、少なくも一方は円形、もしくは環状断面形状の被接合材でなければなりません。さらに、工法の性質上、長尺の部材、大質量の部材、レイアウト上、回転不可能な部材、相対位置の精度が求められる部材には適用できません。

図2.22に摩擦圧接（（a）ブレーキ式、（b）フライホイール式）の接合状態を示します。

［ブレーキ式］

回転駆動する主軸に取り付けた被接合材に固定側被接合材を押し付けます。加圧一定で押し付け、摩擦熱を生じさせ、所望の接合温度に到達させます。回転駆動を停止させるため、伝達系のクラッチを切り、ブレーキによって回転を停止させ、アプセット加圧を付与し、接合を完了します。

［フライホイール式］

接合に要するエネルギーに応じて、フライホイールの枚数と初期回転数を決定し、回転駆動する主軸に取り付けた被接合材に固定側被接合材を押し付けます。加圧一定で押し付け、摩擦熱を生じさせ、所望の接合温度に到達させます。回転運動しているフライホイールが持つエネルギーが摩擦熱に変化され、この回転運動のエネルギーが全て消費されると自然に停止し、接合が完了します。

本工法は、プロペラシャフト（**図2.23**）、サスペンションのラジアスロッドの接合に適用されています。

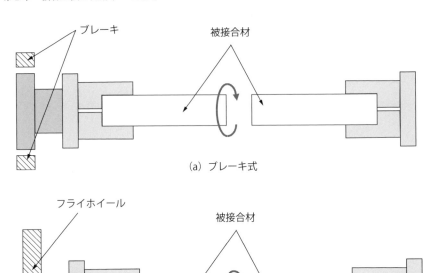

図2.22　摩擦圧接の接合状態

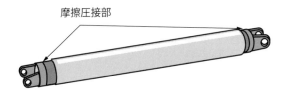

図2.23　自動車部品への適用事例（プロペラシャフト）

2.2.2 摩擦攪拌接合（FSW、FSSW）

摩擦攪拌接合とは、ツールを回転させながら、被接合材に挿入し、その際に発生する摩擦熱を利用して、材料を溶融させず、軟化させ、塑性流動を生じさせることにより接合する方法です。線接合をFSW（Friction Stir Welding）、点接合をFSSW（Friction Stir Spot Welding）と呼んでいます。

図2.24にFSW、FSSWの接合状態を示します。FSWの場合、先端にピンを有するツールを被接合材に挿入、ツールを回転させながら所望の方向にツールを移動させながら接合します。FSSWの場合は、先端にピンを有するツールを所望の位置に挿入、一定時間保持した後、引き上げ、接合を完了します。

図2.25にFSWによって得られる接合部の断面図を示します。接合部中央には攪拌部（SZ：Stir Zone）と呼ばれる攪拌領域、その外側には、塑性変形の影響と熱の影響を受けた熱加工影響部（TMAZ：Thermo Mechanically Affected Zone）、さらにその外側には塑性変形の影響は受けず、熱的な影響を受けた熱影響部（HAZ：Heat Affected Zone）が存在します。本接合方法は材料を溶融させることなく、軟化した状態で塑性流動を利用して接合する固相接合であるため、溶融接合とは異なる特徴的な接合界面を形成します。

FSW、FSSWは固相接合であるゆえ、様々な長所があります。たとえば、アルミニウム合金の接合に適用した際、溶融接合の場合、接合部で溶融、凝固が生じることで結晶粒が粗大化し、強度の低下が生じますが、FSW、FSSWの場合は材料を溶かさないため、継手強度の低下を抑えることができます。また、攪拌

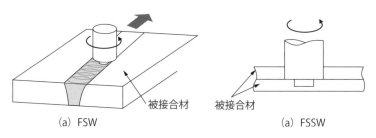

図2.24　FSW、FSSWの接合状態

第2章　接合工法と自動車への応用

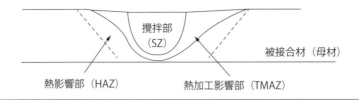

被接合材を溶融させないで接合するので、接合部も特徴的な接合部となります。溶融溶接のような「溶接金属」、「熱影響部」という構造とは異なり、攪拌部（SZ：Stir Zone）、熱加工影響部（TMAZ：Thermo-Mechanically Affected Zone）、熱影響部（HAZ：Heat Affected Zone）という構造を形成します。

図2.25　FSWの接合部断面図

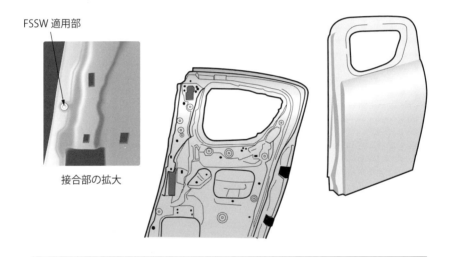

リアドアのアウターパネルとインナーパネルの接合に適用されています

図2.26　自動車部品への適用事例（リアドア）

領域では強加工状態で摩擦熱が加わるため、金属組織の再結晶が生じ、組織が微細化し、接合前の被接合材の母材の強度よりも継手強度が向上する場合もあります。さらに、接合を阻害するという点で問題となる表面の酸化皮膜もツールの攪拌によって機械的に除去できるため、フラックス含む酸化皮膜を除去する処理が不要、かつ大気雰囲気での接合が可能です。

46

本工法は、自動車応用では、リアドア（図2.26）、サスペンションアームなどの接合に適用されています。

2.2.3 超音波接合

超音波接合とは、加圧付与下で超音波発振器から発振された振動によって被接合材表面の酸化皮膜を破壊し、新生面を露出、密着させて接合する方法です。

可聴周波数領域（20～20000Hz）を超えた、20kHz以上の音波のことを超音波と呼んでいます。一般的に利用されている超音波接合装置は、出力1～5kW、周波数15～80kHzの物が多いです。振動を付与する方向は、被接合材料が鋼、アルミニウム合金といった金属材料の場合は接合面に対して平行方向であることが多く、被接合材料が樹脂材料の場合は平行方向、および縦方向を使い分けています。

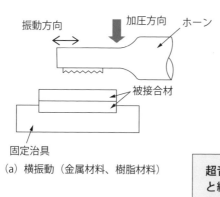

図2.27　超音波接合の接合状態

図2.27に超音波接合の接合状態を示します。被接合材料が金属材料の場合は表面の酸化皮膜の破壊、除去、および新生面の露出を効率的に行うため、平行方向に横振動を付与する装置を用います。一方、被接合材料が樹脂材料の場合は、薄物の場合は平行方向に振動を付与しますが、厚物の場合は縦方向に振動を付与することが多いです。

加圧力を加えた状態で被接合材界面に振動が加えられることで、被接合材表面の酸化皮膜が破壊、除去され、新生面の露出、直接接触が生じます。加圧、振動によって接合界面には摩擦力、変形が加えられ、それに伴い発熱が生じ、その温度は金属組織の再結晶温度に達します。その結果、被接合材間の原子が相互に拡散し、固相状態で接合がなされます。なお、超音波接合は機械的振動を利用しているため、部品の形状、拘束状態、素材によって決まる共振の影響を受けやすいことに注意する必要があります。

本工法は、自動車用途ではホイールカバー、カーペット、ハーネス、電気自動車用バッテリーなどの接合（図2.28）に適用されています。

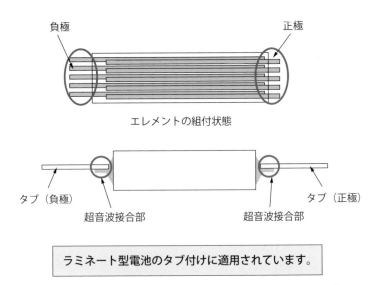

図2.28　自動車部品への適用事例（ラミネート型電池のタブ）

2.3 非溶融接合（中間材利用）（液相－固相）

2.3.1 ロウ付け

はんだ付けとは、被接合材間に被接合材の融点以下のインサート材（ロウ材）をはさみ、被接合材とのぬれを利用して接合する方法です。

インサート材の融点が450℃以上のものを硬ロウ、450℃以下のものを軟ロウと呼んでいます。硬ロウを用いる接合工法をロウ付け、軟ロウを用いる接合工法をはんだ付けと呼んで区別しています。

ロウ付けでは、基本的に被接合材を溶融させないので、ロウ材と被接合材の"ぬれ"が重要となり、ぬれの状態がロウ付け特性に大きな影響を及ぼします。ぬれの評価は、一般的には角度 θ（接触角）が30度以上の状態を"ぬれる"、それ以下を"ぬれない"としています。このぬれ性には適正なロウ材の選定に加えて、被接合材表面性状（清浄度、酸化皮膜など）の状態管理が要求されます。特に、被接合材表面の酸化皮膜がぬれ性に及ぼす影響は大きく、その除去がぬれ性改善のために重要となります。酸化皮膜除去の方策として、（1）フラックスの利用、（2）還元性雰囲気（水素雰囲気等）での接合、といった方策がとられています。ロウ付けの加熱源としては、（1）トーチ（小物部品の局部接合）、（2）加熱炉（大物部品の一体接合）、が広く用いられています。

加熱炉を用いる場合の長所として、①高生産性（複数の接合部を有する構造物（たとえば、熱交換器）の一体接合）、②簡便な温度管理、③均一な温度分布による低ひずみ、があげられます。その一方、短所として、①高設備投資コスト、②高エネルギー消費、があげられます。

対象となる接合継手の仕様と生産性を考慮しながら、加熱源を選定していくことになります。

本工法は自動車用途では、ラジエーター（**図2.29**）、エバポレーターなどの接合に適用されています。

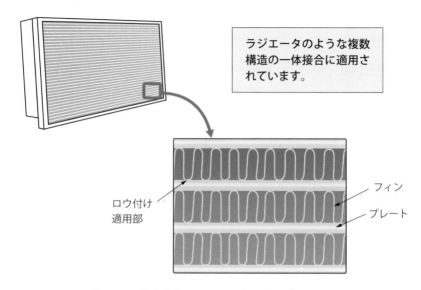

図2.29　自動車部品への適用事例（ラジエータ）

2.3.2　はんだ付け

はんだ付けとは、被接合材間に被接合材の融点以下のインサート材（はんだ材）をはさみ、被接合材とのぬれを利用して接合する方法です。

はんだ付けはロウ付け同様、被接合材を溶融させない接合方法であるため、被接合材とのぬれ性が重要となります。また、電子機器部品の接合工法として重要な位置付けにあるため、以下の要件が求められます。（1）被接合材表面の酸化皮膜の除去のためのフラックスが弱活性でも機能し、被接合材および接合部周辺の構成部品に影響しないこと、（2）被接合材および接合部周辺の構成部品に熱的な損傷を加えない程度に接合プロセスの温度が低温、短時間であること、といった要件です。

これまでは、（1）配線金属で広く用いられる銅、銅合金に対するぬれ性がよい、（2）融点（共晶系（63Sn-37Pb）、183℃）が低い、（3）靱性が高い、といった理由から、Sn-Pn系のはんだが古くから広く使われてきました。欧州連合（EU）のRoHS指令（Restriction on Hazardous Substances）指令によって6つの有害物質（鉛、水銀、カドミウム、六価クロム、ポリ臭化ビフェニル、およびポリ臭化ジフェニルエーテル）の電子・電気機器への使用が禁止されました。そ

のため、現在ではSn-Pb系のはんだに替わって、Sn-Ag-Cu系鉛フリーはんだが汎用的に使われています。

本工法は、電気自動車のパワーモジュールの接合などに適用されています（**図2.30**）。

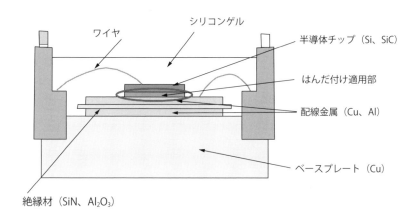

パワーモジュールの半導体チップと配線金属の接合に使われています。現在、環境保護の要請から鉛フリーのはんだが使われています。

図2.30　自動車部品への適用事例（パワーモジュール）

2.4 機械的締結

2.4.1 SPR（Self-Piercing Riveting）

機械的締結方法には、以下に示すとおり、大きく二種類あります。一つ目は副資材（リベット（ブラインドリベット（Blind Rivet）、SPR（Self-Piercing Riveting）、ボルト、ねじなど）を利用して接合する方法、二つ目は副資材を用いずに被接合材の変形を利用して接合する方法です。一つ目の接合方法としては、リベット、ボルト、ねじなどによる締結がこれにあたります。二つ目の接合方法としてはヘミング、クリンチングがこれにあたります。

ここでは、副資材を用いて接合する方法の一つであるSPRを紹介します。

SPRとは、副資材であるリベットを上側の被接合材から下側の被接合材に向けて挿入し、下側の被接合材内部でリベット先端を広げることにより、機械的に締結する接合方法です。SPRは通常のブラインドリベット、ボルトといった締結方法とは異なり、下穴を必要としないという利点があります。

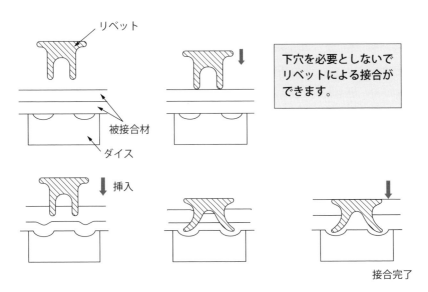

図2.31　SPRの接合状態

図2.31にSPRの接合状態を示します。パンチ、ダイに相当する治具の間に半中空のリベット、重ねた被接合材を配置します。パンチをダイに向けて稼動させながら、リベットを被接合材の上側から挿入します。そのまま、下側の被接合材まで挿入していくと、ダイに沿って半中空のリベットが開き、接合が完了します。接合継手強度は、被接合材の局所的な塑性変形によるリベットとの密着状態に依存します。そのため、被接合材の材料特性（強度、伸び）、板厚に応じて、リベットの材質、形状が選定されます。

図2.32にSPRの接合部断面を示します。インターロックと呼ばれる被接合材下側の食い込み量、被接合材下側の残厚が接合継手強度と相関があるため、適切な値になるように管理されます。

副資材を用いることから、コスト面がデメリットとなるものの、溶融接合のように熱影響による材料劣化が生じない、冶金的な反応を伴わないため、鋼とアルミニウム合金といった異種材料の組み合わせにも適用可能であるというメリットがあります。

本工法は、自動車用途ではピラーやルーフなどの車体骨格部品などの接合に適用されています（図2.33）。

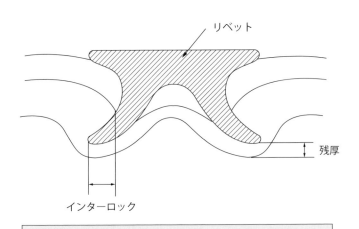

下側の被接合材の残厚と挿入状態（インターロック）で接合継手強度が決まります。リベットの傾き、浮き、および中心ずれが生じると強度にばらつきが生じます。

図2.32　SPRの接合部断面

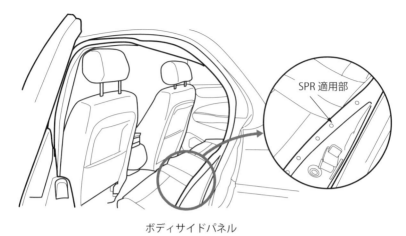

ボディサイドパネル

図2.33　自動車部品への適用事例（ボディサイドパネル）

2.4.2　FDS（Flow Drilling Screw）

　ここでは、副資材（ボルト、リベットなど）を用いて接合する方法の一つであり、最近注目されているFDS（Flow Drilling Screw）を紹介します。

　FDSとは、重ねた被接合材の上部から、ねじを高速で回転させながら挿入し、その際に発生する摩擦熱で被接合材の塑性流動、溶融を生じさせ、安定した機械締結を発現させる接合方法です。FDSは、副資材であるねじを利用するという点では、SPR同様、コスト面では不利になります。しかしながら、パンチ、ダイといった被接合材の上下間に治具の配置をする必要があるクリンチング、SPRと異なり、片側（一方向）からのアクセスで接合が可能であり、車体部品の設計自由度が大きいという利点があります。

　図2.34にFDSの接合状態を示します。重ねられた被接合材の上部から、回転させながらねじを挿入します。発生する摩擦熱により材料が軟化し、ねじ周辺で塑性流動、溶融が生じます。被接合材にねじ山が形成され、最終的にねじを締め付けることで接合が完了します。

　下穴を必要としないという点で生産性も高く、易解体という点でリサイクル性も高い接合方法です。また、SPRに比べて低加圧での接合が可能であるため、設備もコンパクトです。

　本工法は、自動車用途ではボディサイドパネル、シルなどの閉断面フレームと板が重なるような車体骨格部品などの接合に適用されています（**図2.35**）。

2.4 機械的締結

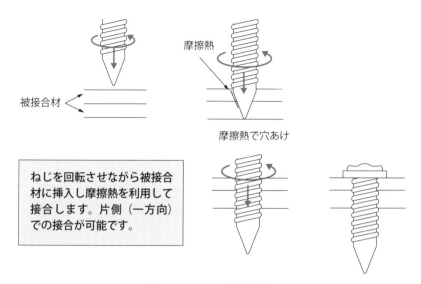

図2.34 FDSの接合状態

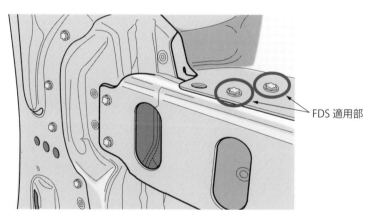

図2.35 自動車部品への適用事例（車体骨格）

2.4.3 クリンチング

ここでは、副資材を用いず、被接合材の変形を利用して接合する方法の一つであるクリンチングを紹介します。

クリンチングとは、パンチとダイの間に挟んだ被接合材に局所的な変形を加え、その変形を利用して接合する方法です。クリンチングは、副資材を用いない

55

ため、副資材を用いる、たとえばSPRに比べて、接合強度の点では若干劣るもののコストの面でメリットがあります。

図2.36にクリンチングの接合状態、図2.37にクリンチングの接合部断面図を示します。パンチ、ダイに相当する治具の間に重ねた被接合材を配置します。パンチをダイに向けて稼動させながら、被接合材を押し込んでいきます。最終的にダイの形状に沿って塑性変形が生じ、接合が完了します。

クリンチングによる接合継手の特性は側面残厚（被接合材上側）、底面残厚（被接合材上側、下側）、接合部直径で決定されます。この中でも、特に底面の残厚は接合継手強度と相関があるため、適切な値になるように管理されます。

クリンチングは被接合材を押し込み、周囲の材料を引張ながら接合部が形成されます。そのため、近接した位置に連続して接合する場合、すでに存在する接合部が、新たに形成する接合部の状態に影響を与えるため、その点を考慮して接合位置が決定されます。さらに、板厚違い、強度違いの被接合材料を接合する場

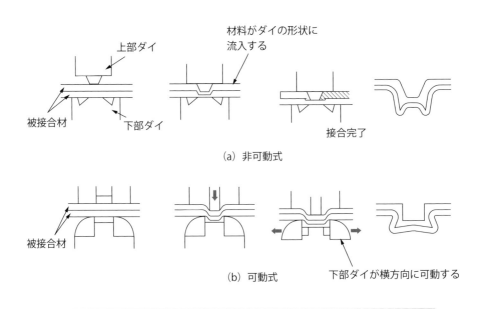

図2.36　クリンチングの接合状態

合、被接合材上側に生じる塑性変形が大きいことから、薄板、低強度材料を上側に配置することで高強度を発現する接合継手を得やすいことがわかっています。

本工法は、自動車用途ではエンジンフード（**図2.38**）や車体の接合などに適用されています。

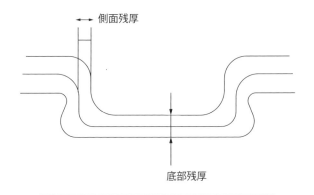

図2.37　クリンチングの接合部断面

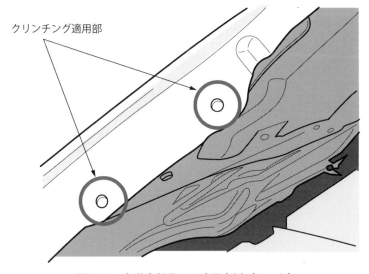

図2.38　自動車部品への適用事例（フード）

第2章 接合工法と自動車への応用

2.5

化学的接合

2.5.1 接着

接着とは、副資材である接着剤と被接合材とのぬれを利用し、密着、固化させることにより接合する方法です。

接着の長所は、(1) 常温で接合ができる点、(2) 金属、樹脂、セラミックスなど、様々な組み合わせの種類の材料を接合できる点、(3) 面での接合が可能であるため、応力の分散による応力集中の回避、高剛性の付与が可能であるという点、があります。その一方、短所として、(1) 副資材である接着剤コストによる生産コストが増加する点、(2) 多くの場合、被接合材強度に対して接着強度が低い点、(3) 強度含めた特性が経時劣化する点、があります。これら長所、短所を考慮しながら、冶金的な他の接合工法とを使い分けていくことになります。

接着剤は、その材質から大きく分けて有機系接着剤と無機系接着剤の二つがあります。

はじめに、有機系接着剤について述べます。有機系接着剤には、ユリア樹脂系、メラミン樹脂系といった熱硬化性樹脂を原料としたもの、酢酸ビニル樹脂系、ポリビニルアセタール系といった熱可塑性樹脂を原料としたもの、およびクロロ樹脂系、ニトリルゴム系といったエラストマーがあります。使用可能温度は概ね200℃前後の物が多いです。自動車者室内の最高温度の例をあげると、フロントパネル計測器近傍（約70℃〜120℃）、室内床面（約100℃）、リアデッキ（約120℃）です。さらに、今後、インド、中国といった日本国内とは異なる環境での使用が増加することを想定すると注意が必要です。使用可能温度が400℃前後といった、高耐熱性を有するポリイミド、ポリベンツイミダゾールといった耐熱性接着剤もありますが、高価であり、コストが課題となっています。

次に、無機系接着剤について述べます。無機系接着剤には、ケイ酸アルカリ系、シリカゾル系リン酸を原料としたものがあります。無機系接着剤は、使用可能温度が約1000℃と有機系接着剤に比べて、優れた耐熱性を示すという長所があります。その反面、耐衝撃性に乏しく、低靱性であるという短所があります。そのため、使用は限定的で、自動車用途では、ほとんどの場合、有機系接着剤が

58

使用されています。

　前処理（水分、コンタミ（油分、離型材など）の除去）、適切な塗布方法の選定、および塗布厚さの管理状態と得られる接合継手の特性には密接な関係があるため、その考慮が重要となります。

　本工法は、自動車用途ではルーフレールのフランジ部、ドア端部のヘミング部、フロントウインドウと車体などの接合に適用されています（図2.39、図2.40）。

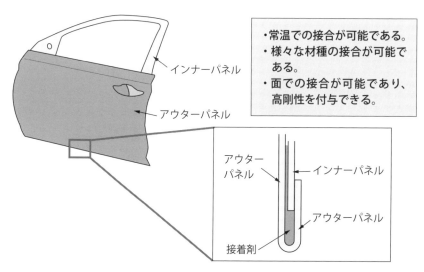

図2.39　自動車部品への適用事例（ドア端部）

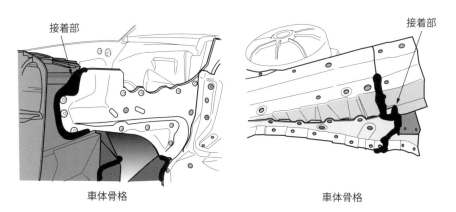

図2.40　自動車部品への適用事例

2.5.2 ウエルドボンド法

ウエルドボンド法とは、接着とスポット溶接を併用して接合する方法です。

図2.41にウエルドボンド法の接合状態を示します。スポット溶接部の周囲を取り囲むように接着剤が配され、接合されています。

接着とスポット溶接を併用することで、各々の工法によって得られる接合継手の特性上の短所を改善することができます。接着の接合部の短所としては、(1) はく離強度が低い、(2) 衝撃強度が低い、(3) 高温強度が低い、および (4) 耐クリープ性が低い、といった点があげられます。これら、短所をスポットの接合部で補完、改善することができます。また、スポット溶接の短所として、(1) ナゲット径が得られないことによる強度不足（被接合材の板厚が薄い場合の接合）、という点があげられます。このような場合、接着の接合部の強度で補完、改善することができます。

また、スポット溶接の接合継手近傍は形状的に応力集中が生じやすく、その結果、疲労強度が低下する場合があります。このような場合、接着剤が充填されることで、点接合が面接合となり応力集中を回避し、その結果、疲労強度を向上することができます。さらなる併用効果として、点接合が面接合となることで剛性の向上、接合部近傍から水分をシールすることで耐食性を向上することができます。

さらに、接着とスポット溶接を併用することで、以下のような生産上のメリットがあります。接着単独の場合は固定のための治工具の取付け、取外しが生産効

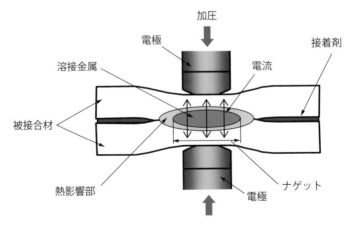

図2.41　ウエルドボンド法の接合状態

率上、ネックとなります。また、次工程に移行できるかどうかは接着剤の硬化に依存します。それに対し、スポット溶接に固定治具の役割を担ってもらう目的で用いる本接合工法では、治具の取付け、取外し工程が不要となり、接着剤の硬化についても次工程以後の工程を流れている間に徐々に硬化が進行、塗装工程の塗料の焼付けと同時に接着剤を硬化きせるという方法をとることができます。

本工法は、車体剛性が必要なところの接合に適用されています（**図2.42**）。

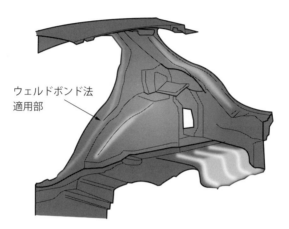

図2.42　自動車部品への適用事例（リヤホイール近傍）

コラム② 3Dプリンタ

　3Dプリンタとは、3次元（3D）のCADデータをもとに材料を積層して3次元形状の造形物を作製する技術です。一般的に用いられている二次元（2D）のプリンタと比較して、3Dプリンタという用語が広く使われていますが、付加製造技術（AMT：Additive Manufacturing Technology）という呼び方が正式名称とされています。

　3Dプリンタには、液槽光重合法、材料押出法、粉末床溶融結合法、結合剤噴射法、シート積層法、材料噴射法、および指向性エネルギー堆積法といった様々な方式があります。例として、金属材料の適用が可能な粉末床溶融法、指向性エネルギー堆積法の加工状態を示します。

［粉末床溶融法］

　粉末床溶融法とは、粉末をローラーなどでならし、できた粉末床をレーザビームなどで焼結、溶融する工程を繰り返しながら積層造形する方法です。特徴としては、（1）高密度、高強度製品の製造が可能であるという点、（2）高精度複雑形状品の製造が可能である点があげられます（**図1**）。

［指向性エネルギー堆積法］

　指向性エネルギー堆積法とは、粉末を供給しながら、レーザビームなどで溶融し、溶融物を堆積させながら積層造形する方法です。特徴としては、（1）高速、大型化が可能であるという点、（2）多色材料、傾斜材料の製造が可能であるという点があげられます（**図2**）。

　3Dプリンタは現状の技術レベルでは従来工法に対して長所、短所があることから、当面は用途によって使い分けられると考えられています。

　たとえば、長所として、（1）CADデータから直接的に部品が作製できることから金型が不要であるという点、（2）通常の加工方法では作製が困難な3次元CADデータにもとづく複雑な形状の部品を作製できるという点、があげられます。その一方、短所として、（1）通常の量産工法と比較して生産効率が低い点、（2）適用可能な材料が限定される点、があげられます。

　このような理由から、3Dプリンタの有効な活用方法としては小ロット（一点物の試作含む）の生産への活用や、量産前のコンセプトモデルの形

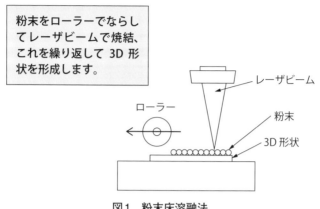

図1 粉末床溶融法

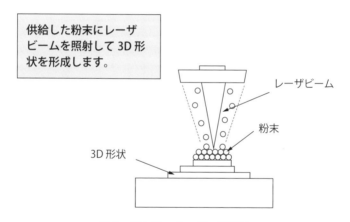

図2 指向性エネルギー堆積法

状、構造といった仕様の確認という活用、および従来の加工法では作製が困難、もしくは不可能な、積層構造にもとづく複雑な三次元構造による新機能の創成といった活用のされ方であると考えられます。3Dプリンタ固有の試作可能領域を活かした新しいモノづくりの革新、新機能の創成が期待されています。

第3章

接合継手の構造と強度

3.1 溶融接合の接合継手構造

接合継手のミクロな構造について、その特徴を把握することは、実際に構造部材に適用していくにあたり、重要な知見となります。ここでは、溶融接合（アーク溶接）の接合継手を例にとり、その特徴について説明したいと思います。

図3.1に溶融接合の接合構造（アーク溶接）の模式図を示します。中央近傍に「溶接金属」（Weld Metal）、その周囲に「熱影響部」（Heat Affected Zone）、それら境界に「溶接境界部（ボンド部）」（Weld Interface）という領域を形成しています。溶接部は、ブローホール、スラグ巻き込み、溶け込み不足、および割れといった溶接欠陥、被接合材の硬さ変化（硬化、軟化）、靱性の低下といった材質劣化が生じます。

以下の項で、溶接欠陥、材質劣化について述べたいと思います。

3.1.1 溶融接合継手の欠陥（ブローホール、割れ）

ここでは、ブローホール、スラグ巻き込み、および割れといった溶接欠陥とその形成要因、および実際に構造部材に適用していく際に留意する点について述べます。

[ブローホール]

ブローホールは、溶接プロセス中に以下に示すような要因で発生したガス、もしくは外部から進入したガスが、溶融、凝固という接合プロセスが進行する中、

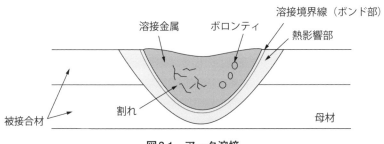

図3.1　アーク溶接

溶接金属内に閉じ込められることで生じます。たとえば、要因としては、（1）被接合材に付着したコンタミ（水分、油など）、（2）鋼中のC（炭素）と酸素が反応して生じるCO（一酸化炭素）、および（3）被覆溶接棒の被覆剤が吸湿した水分のガス、があります。ブローホール部には応力集中が生じるため、亀裂が発生し、静的強度のみならず、疲労強度の低下につながるため注意が必要です。

[スラグ巻き込み]

スラグとは、溶接金属中の酸素を除去するために形成された酸化物のことを言います。スラグが溶接金属外に排出され、溶接金属表面を覆っている場合、大気中の酸素の進入を防止する役目を果たすため、接合部品質の向上に有効な役割を果たします。このスラグが溶融金属の流動状態、アークの安定性に影響を受けることで、場合によっては溶接金属内部に残存することになります。スラグは不純物であるため、ブローホールの場合同様、引張強度の低下、および疲労強度の低下につながるため注意が必要です。

[割れ]

割れには大別して、低温割れと高温割れがあります。低温割れは、遅れ破壊と言われており、溶接後数日後に生じる割れのこと言います。低温割れは、（1）組織の硬化、（2）水素の存在、（3）応力による拘束（引張応力）の三条件が揃った時に生じます。溶接後、見かけ上健全な溶接部に生じることもあるため注意が必要です。高温割れは、凝固割れと液化割れに大別されます。凝固割れは、溶融した被接合材の凝固が進み、完了する直前に応力が付与することで発生します。液化割れは被接合材の融点を降下させる元素〔たとえば、S（硫黄）、P（リン）等〕が偏析した領域に局所的な液相が発生し、これに応力が付与されることで生じます。割れが内部に発生していると、ブローホール、スラグ巻き込みの場合と同様、引張強度、疲労強度の低下につながるため注意が必要です。

3.1.2　溶融接合継手の劣化（熱影響、靭性低下）

次に、被接合材の硬さ変化（硬化、軟化）、靭性の低下といった材質劣化とその発生要因、さらに実際に構造部材に適用していく際に留意する点について述べていきます。

[熱影響]

接合部近傍の「溶接金属」と被接合材（母材）の間に形成される、被接合材（母材）の金属組織が変化している領域を「熱影響部」（HAZ：Heat Affected

Zone）と呼びます。「熱影響部」は接合プロセス中において非溶融の状態ではありますが、金属組織が変化するだけの入熱が加わったことで形成されます。溶接金属と熱影響部との「溶接境界部（ボンド部）」は被接合材（母材）の融点付近まで加熱されることになり、「溶接境界部（ボンド部）」から被接合材（母材）側に遠ざかるにつれて、溶接時に付与される最高到達温度が低くなり、その最高到達温度と冷却速度によって「熱影響部」の組織が変化します。これは熱処理の場合と同様に見られる現象です。最高到達温度によっては金属の結晶粒の粗大化もしくは、微細化が生じます。その結果、母材とは違う特性を示すことになるので注意が必要です。

また、「熱影響部」は、被接合材（母材）と比べて、硬さ（HAZ硬化、HAZ軟化）が変化します。一般的に、鋼の場合は硬化し、アルミニウム合金の場合は軟化します。HAZ硬化の場合は熱影響部と被接合材母材との界面に応力が生じ、亀裂が発生し、HAZ軟化の場合は被接合材（母材）強度以下に強度が低下する場合があります。

[靭性]

「熱影響部」の中でも、たとえば、鋼の接合の場合、金属組織が粗大化した場合は硬化しやすく靭性が低下し、割れも生じやすくなります。もし、「熱影響部」が低靭性に変化している場合は、その部位に応力集中が生じないようにする、引張負荷がかからないようにする、といった点に留意して設計する必要があります。

3.2 接合継手の特性評価

　自動車の車体の接合継手は静的引張特性のみならず、衝突に対する動的引張特性、振動に対する疲労特性、熱帯、極寒地といった使用環境に対する高温・低温状態における引張特性、および海辺、高湿といった使用環境に対する耐食性といった様々な要件を満足する必要があります。ここでは、事例としてスポット溶接部の各特性評価法を紹介します。その他、接合工法によって得られる接合継手もこれに準じた形で評価されます。

3.2.1　静的引張強度

　被接合材料の代表的な機械特性として、弾性率（ヤング率）、降伏点、引張強さ、伸びがあります。これら機械特性は静的引張試験（JIS Z 2241）によって求めることができます。

　図3.2に引張試験から得られる荷重−変位線図を示します。降伏点とは材料が塑性変形（永久変形）を開始し始める荷重で、これ以上の荷重を付与すると塑性変形を生じます。さらに荷重を付与した際に発生する最大荷重は引張強さと呼ばれ、破断にいたる変位量を伸びと呼びます。基本的に、構造物を設計する際、使

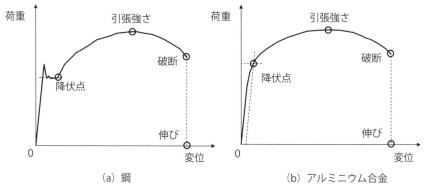

図3.2　荷重−変位線図

用環境を想定して、部材に発生する荷重が降伏点に安全率を考慮した値以下になるように設計します。

部材が接合部を有している場合、接合部の静的な引張負荷時の接合部の特性を正しく把握する必要があります。また、この静的引張強度は継手特性の中でも最も基本的な特性であり、接合条件の適正化の際にも、この静的引張強度をもとに決定していきます。

図3.3に、一例として、代表的な車体用接合工法であるスポット溶接の接合継手の静的引張強度試験に用いる試験片を示します。接合継手に入力される負荷として、せん断方向（以下、引張せん断）、垂直（剥離）方向（以下、十字引張）の二種類を想定して試験片が規格化されています〔JIS Z 3136（引張せん断）、JIS Z3137（十字引張）〕。引張せん断試験片、十字引張試験片によって求まる継手強度を、それぞれTSS（引張せん断強度）（Tensile Shear Strength）、CTS（十字引張強度）（Cross Tensile strength）と呼びます。引張せん断強度は板厚、被接合材の強度に応じて、推奨される強度値がJISで規格化（JIS Z 3140）されていますが、十字引張強度には規格値がありません。このため、参考値として各自が独自の基準で評価しているというのが現状です。

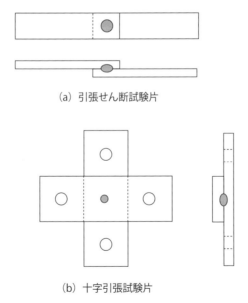

(a) 引張せん断試験片

(b) 十字引張試験片

図3.3　接合部評価の試験片形状（静的引張強度）

また、引張特性は、強度値のみならず破損モードも接合状態の良否判断を行う際、重要な指標となります。接合部周囲でボタン状に抜けたり（プラグ破断）、被接合材料で母材破断する場合は健全な接合部が得られている、接合界面で剥離するように破断する場合は、適正な接合部が得られず、接合不良が生じている可能性があるといった判断を行うことができます。

被接合材、接合部双方の機械特性を把握することで接合部を有する部品の適正な設計を行うことができます。

3.2.2 動的引張強度

自動車には衝突時に動的な負荷が付与されます。そのため、動的な負荷が部材を構成する被接合材、接合継手の引張特性に及ぼす影響を明らかにする必要があります。

被接合材料の機械特性はひずみ速度の影響を受けます。一般的にひずみ速度が増加すると降伏点、引張強さは増し、伸びは低減します。自動車の車体には衝突時に動的な負荷が加わるため、その特性は重要な設計指針となります。また、静的な引張強さと動的な引張強さの比は静動比と呼ばれ、車体用の材料を選定する際に重要な指標となります。

図3.4に代表的な動的引張強度の評価方法を示します。（a）油圧サーボ方式試験、（b）ホプキンソン棒式試験（引張型）（圧縮型のホプキンソン式を引張で評価できるように改良されたもの）、および（c）One-bar式試験です。それぞれの評価手法の特徴は、（a）は試験機のヘッドを所望の速度まで上昇させて引張を付与します。（b）は入力棒にヨークをつけ、このヨーク部に入力棒を覆う管状の打撃棒で打撃を加え、引張を付与します。（c）は試験片を取り付けたブロックをハンマーで打撃することで引張を付与します。

被接合材の動的特性のみならず、接合継手の動的特性を把握することは、衝突負荷が加わるような部材を設計する際、重要な指針となります。また、静的引張の場合同様強度の値のみならず、その破損モードも重要な指標となります。たとえば、被接合材料での破断、溶接金属内部での破断、接合界面での剥離といった破損モードの差異がピラー、シルといった車体構成部材の曲げ変形モード、フロントサイドメンバーの軸圧潰の変形モードに影響を及ぼし、部材のエネルギー吸収能が変化します。そのため、ひずみ速度に応じた接合部の強度値、破損モードを明らかにすることが重要となります。

第3章 接合継手の構造と強度

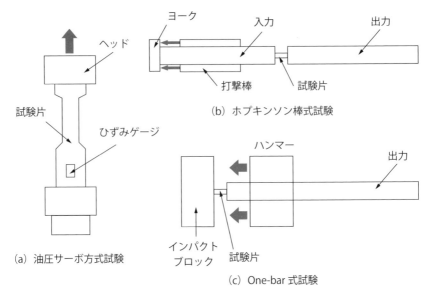

図3.4 動的引張強度の評価方法

図3.5に一例として、スポット溶接部を（c）One Bar式試験機で評価する場合の接合部評価の状態を示します。接合試験片をブロックに取り付け、ハンマーで打撃することで動的引張強度を求めることができます。その際に得られる強度値、破損モードを考慮することで、接合位置、接合点数等、適正な部材の設計を行うことができます。

3.2.3 疲労強度

自動車には、エンジン、パワートレインなどの動力伝達部品からの振動、走行時の路面からの上下動など様々な繰返し負荷が加わります。そのため、それら繰返し加わる負荷が疲労特性に及ぼす影響を明らかにする必要があります。

被接合材料に引張強さ以下の荷重が繰り返し付与され、破断にいたる現象を疲労破壊と呼びます。部材を設計する際、降伏点、引張強さのみならず、この疲労破壊にいたる疲労強度が重要な指標となります。疲労強度は疲労試験（JIS Z 2273）によって求めることができます。

疲労試験の評価条件は使用環境を想定して曲げ、ねじりなど様々な条件があります。ここでは、一例として一軸方向に応力を付与し、平均応力、応力振幅で評

3.2 接合継手の特性評価

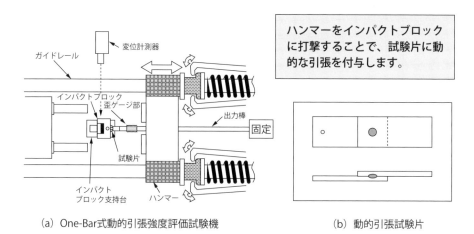

(a) One-Bar式動的引張強度評価試験機　　　(b) 動的引張試験片

図3.5　One-bar式試験機による接合部評価の状態

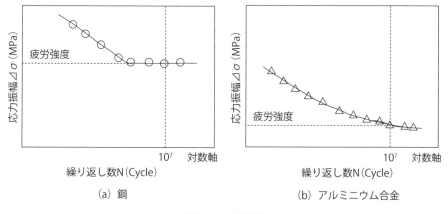

(a) 鋼　　　(b) アルミニウム合金

図3.6　S-N線図

価する条件を紹介します。

図3.6に疲労試験によって得られるS-N線図（Stress-Number Diagram）を示します。最大応力σ_{max}、最小応力σ_{min}を設定、その結果、決定される平均応力σ_m（$\sigma_m=1/2(\sigma_{max}+\sigma_{min})$）（振幅中心）、応力振幅$\sigma_a$（$\sigma_a=1/2(\sigma_{max}-\sigma_{min})$））により評価します。材料に繰り返し荷重（応力振幅）を付与し、一定回数以上（たとえば、10^7回）の荷重を加えても破損しない荷重を疲労限（疲労強度）と呼びます。引張特性の場合同様、部材が接合部を有している場合、接合部の疲労特性を正し

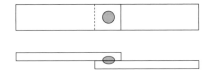

(a) 引張せん断モード

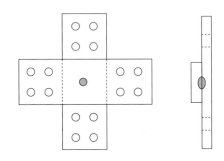

(b) 十字引張モード

図3.7　接合部評価の試験片形状（疲労強度）

く把握する必要があります。

図3.7に一例として、スポット溶接部の疲労特性評価のための試験片を示します。接合継手に入力される負荷として、引張せん断方向、十字引張方向の二種類を想定して試験片が規格化されています（JIS Z 3138）。

疲労破壊の場合も、疲労強度の値のみならず破損モードも接状態の良否判断を行う重要な指標となります。

被接合材、接合部、双方の疲労特性を把握することで、接合部を有する部材の適正な設計を行うことができます。

3.2.4　高温・低温引張強度

自動車は、熱帯、極寒地といった様々な温度環境下で使用されます。また、車体が塗装ラインを通過する際、170℃前後の温度に晒されます。そのため、温度状態が部品を構成する被接合材、接合継手の引張特性におよぼす影響を明らかにする必要があります。

被接合材の機械特性は温度の影響を受けます。一般的に鋼、アルミニウム合金

といった金属材料は、高温の場合は、降伏点、引張強さが低減し、伸びが増大する傾向があります。一方、低温の場合は、アルミニウム合金はその影響を受けにくいものの、鋼は降伏点、引張強さが増大し、伸びが低減する傾向があります。これらの影響の大きさは材種、材質によって異なるものとなります。

温度に応じて、降伏点、引張強さ、および伸びなどの機械特性が変化します。さらに、上記同様、アルミニウム合金はその影響を受けにくいものの、鋼は低温の場合は靭性が低下し、変形に対するエネルギー吸収能が低減します。

自動車は熱帯、極寒地といった、様々な温度環境下で使用されます。また、車体はエンジンフード周辺、排気マニホールド周辺は高温になり、車体の部位によって温度環境が異なります。さらに、生産工程において、たとえば塗装ラインを通過する際には170℃前後の高温に晒されます。このような温度が継手強度におよぼす影響を明らかにするために、高温、低温環境での引張試験が行われます。

本評価に対する、JISで規格化された試験方法はありませんが、引張の負荷モードとしては、静的引張強度の評価同様、引張せん断方向、十字引張方向の二種類を想定して、引張せん断試験片（JIS Z 3136）、十字引張試験片（JIS Z3137）を用いて評価します。静的引張強度の評価と同形状の試験片（図3.3）を用いて、引張試験を行うことにより、高温・低温が継手強度に及ぼす影響を明らかにすることができます。

温度環境を変化させて、継手強度を評価することで様々な温度環境における継手特性を明らかにでき、設計に織り込むことが可能となります。

3.2.5 耐食性

自動車は、海辺、風雨、および風雪といった様々な環境下で使用されます。そのため、自動車部品を構成する被接合材、接合継手には、使用環境に応じた耐食性が要求されます。さらに、昨今のマルチマテリアル車体における異種材料接合継手にはイオン化傾向差に起因する電食が生じるため、電食に対する耐食性を確保する必要があります（図3.8.1）。

様々な使用環境下、および電食を想定した耐食性を評価するための環境試験としてSST試験（塩水噴霧試験）（Salt Spray Test）（JIS Z 2371）、CCT試験（複合サイクル腐食試験）（Combined Cyclic Corrosion Test）（JIS H 8502）があります。

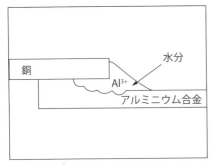

図3.8.1　電食

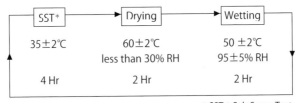

(b) CCT試験（Cyclic Corrosion Test）

図3.8.2　環境試験の評価条件（耐食性）

　図3.8.2に環境試験の評価条件を示します。(a) SST試験は、PH7、温度35℃、湿度100％RHの状態で5％NaClの塩水を試験片に連続的に噴霧する試験です。(b) CCT試験は、PH7.5％NaClの塩水を用い、塩水噴霧工程、乾燥工程、および湿潤工程を1サイクルの中で付与する試験です。具体的には、塩水噴霧工程（35℃、100％RH、4時間）⇒乾燥工程（60℃、25％RH、2時間）⇒湿潤工程（50℃、98％RH、2時間）、8時間/サイクルとしています。
　環境試験後の試験片について、外観の観察を行い、継手強度への影響を明らかにします。得られた結果から、実使用環境下における接合継手の耐食性を予測でき、設計に織り込むことが可能となります。

3.3　接合継手の検査

3.3　接合継手の検査

3.3.1　超音波探傷試験

　超音波探傷試験とは、被接合材、および接接合継手に超音波パルスを入射させ、その伝播時間、および反射してくる超音波パルスの状態から欠陥の大きさ、位置を測定する方法です。本試験による測定は内部欠陥を対象としています。超音波探傷試験には、(1) 垂直探傷法（試験体の表面（探傷面）に垂直に超音波を入射）、(2) 射角探傷法（試験体の表面に斜めに入射）があります。射角探傷法は、計測部の部品形状、レイアウト上に制約がある場合、欠陥が傾いて存在する場合に用いられます。接合部の欠陥検出に対しては射角探傷法が用いられることが多いです。

　図3.9に超音波探傷試験の状態を示します。図に示すように垂直探傷法では探傷面から欠陥に向かって垂直に超音波を伝播させます。一方、射角探傷法では探傷面から欠陥に向かって斜めに超音波を伝播させます。

　超音波探傷試験の長所は、同様に内部欠陥の測定を対象としている放射線透過試験（後述）と比較した場合、(1) 一方向（片側）からの検査が可能であるという点、(2) 入射波と反射波の差分を利用して欠陥の状態を測定しているという性質から、放射線透過試験では検出しにくい割れや層状欠陥の検出に優れているという点です。その一方、短所は、(1) 放射線探傷試験と比較した場合、分解能に乏しいことから、欠陥の種類や形状を正確な情報の推定が困難な場合があるという点、(2) 測定条件の設定には種々の技能的、経験的要件が要求され、さらに試験結果の解釈には熟練を要するという点です。

　内部欠陥検出の測定試験である放射線透過試験、超音波探傷試験の長所、短所を理解して、使い分けることで効果的に欠陥の状態を推定することが可能となります。

3.3.2　放射線透過試験

　放射線透過試験とは、放射線（X線、γ線）の線源とフィルムの間に被接合材、および接合継手を配置し、放射線を透過させ、測定対象の欠陥を測定する方法で

77

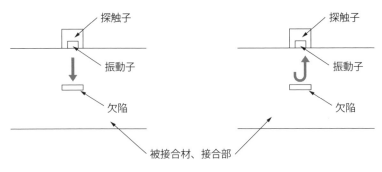

図3.9　超音波探傷試験

す。本試験の測定は、内部欠陥を主としています。

図3.10に放射線透過試験の状態を示します。放射線源から発生した放射線（X、γ線）が測定したい観察対象を透過し、フィルムに透過写真として撮影されます。その際、欠陥（ブローホール、開口した割れ）が存在すると透過する放射線の透過量が多くなるため、他の部位よりも黒く感光します。その結果、内部欠陥を検出することができます。

放射透過試験の長所は、(1) 被接合材、接合部中の、放射線の透過方向に厚さがある内部欠陥（ブローホールのような空隙状の欠陥）の検出は容易に行うことができるという点、(2) フィルムの透過写真から検出された欠陥の種類、形状、寸法などの客観的なデータを得ることができるという点です。また、同様に内部欠陥の測定を対象としている超音波探傷試験と比較した場合、(3) 材質、結晶構造の影響を受けにくいという点、(4) 表層部に存在するような欠陥の検出、推定についても可能であるという点です。その一方、短所は、(1) 放射線の透過方向に厚さがない、もしくは極めて薄い割れのような内部欠陥は、放射線透過量に差が出ないため、検出できない場合があるという点です。また、(2) 放射線の人体への影響から、装置の設置に制約が生じる点です。

3.3.3　磁粉探傷試験

鋼のような強磁性体を磁化し、磁束の流れを生じさせ、欠陥から空間に漏洩する磁束を散布しておいた磁粉で欠陥磁粉模様として確認、測定対象の表面、および表面直下の欠陥を測定する方法です。

接合部の欠陥検出のための磁化方法としては、極間法、プロッド法が広く用い

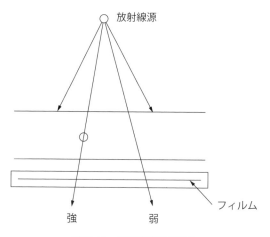

図3.10　放射線透過試験

られています。本試験による測定は、表面欠陥、表層部の欠陥（極微細な割れ等も含む）を対象としています。

極間法は測定領域を電磁石の磁極間に設置し、磁化します。プロッド法は測定領域に隣接して、二個の電極（プロッド）を設置し、電流を直接流して磁化します。欠陥が存在すると磁束が漏洩します（**図3.11**）。

磁粉探傷試験の長所としては、(1) 表層部に存在する極微細な欠陥の検出が可能であるという点、(2) 被接合材、接合部表面の二次元的な欠陥の検出が可能である、があげられます。その一方、短所としては、(1) 測定原理上、材質が強磁性体の場合にしか適用できないとう点、(2) 磁束の流れに対して欠陥が平行な場合は検出が困難であることから、欠陥の方向を考慮して磁化する方向を設定する必要があるという点、(3) 測定対象の形状が複雑な形状を有している場合、接合部が変質し、母材と異なる性質を示す溶融接合による接合部は擬似的な磁粉模様を示しやすいことから、欠陥磁粉模様との判別のために十分注意する必要がある、という点です。

3.3.4　浸透探傷試験

浸透探傷試験とは、被接合材、接合部表面に傷等の欠陥が存在する場合、毛細管現象により液体が浸透する現象を利用し、観察対象表面の欠陥を検出する方法です。本試験による測定は、表面に開口した欠陥（割れ、ピンホール）を対象と

しています。

図3.12に浸透探傷試験の状態を示します。前処理として欠陥内部の異物を除去するために洗浄します。浸透処理として、探傷剤を欠陥に浸透させます。洗浄処理として、測定部表面の余剰探傷剤を除去します。現像処理として、現像剤を適用し、欠陥を検出します。

浸透探傷試験の長所は、同様に表面欠陥の測定を対象としている磁粉探傷試験と比較した場合、(1) 測定対象が鋼のような強磁性体に限定されず、ガラス、セラミックス等の非金属材料含む、様々な材料に適用可能であるという点、(2) 洗浄剤、探傷剤、および現像剤を準備すればよく、大がかりな装置を必要としないという点です。また、(3) 表面に存在する開口状態の欠陥であれば、その形状や方向性に関係なく、欠陥の検出が可能であるという点です。その一方、短所は、(1) 前処理である洗浄工程が十分ではない、もしくは洗浄しても除去できないような異物（ごみ、油脂類など）が、欠陥に付着している場合、探傷剤、および現像剤の浸透がなされず、欠陥の検出ができないという点です。

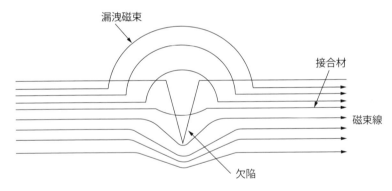

図3.11　欠陥による磁束の漏洩

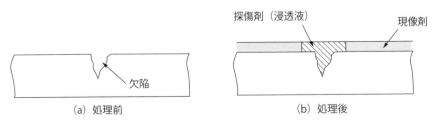

図3.12　浸透探傷試験

3.4 接合継手の観察

3.4.1 接合界面観察

接合界面は、熱の影響を受けることで、被接合材（母材）とは異なり、変質しています。溶融接合の接合部は、「溶接金属」、「溶接境界部（ボンド部）」、および「熱影響部」が形成されており、この接合部構造の状態が引張強度、疲労強度といった継手特性に影響を及ぼします。

図3.13に溶融接合の接合界面の模式図を示します。「溶接金属」、「溶接境界部（ボンド部）」、および「熱影響部」が形成され、割れ、ブローホール、溶け込み不足といった溶接欠陥、熱影響部の軟化、硬化といった材質変化が生じると、それらが応力集中源となって脆性破壊の発生につながります。また、接合プロセス時の入熱が十分でない場合は、未接合部分が混在し、十分な継手強度が得られないことがあります。

このことから、接合界面の状態観察を行い、接合界面の構造を明らかにすることは接合継手の特性を把握する上で有効な手段となります。そこで、接合界面を樹脂埋め、所望の位置で切断、研磨、エッチングすることで、欠陥の状態、金属組織の状態を明らかにすることができます。

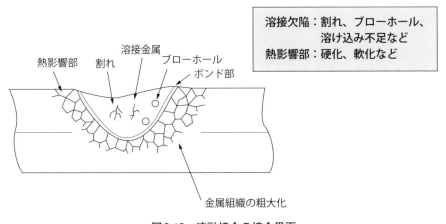

図3.13 溶融接合の接合界面

観察の手順としては、まずは、光学顕微鏡（実体顕微鏡）の低倍率で全体の状態を把握します。徐々に倍率を上げていきながら、特徴ある領域を部分的に、詳細に観察します。組織変化の把握には硬さ変化を測定できるナノインデンテーションの適用も有効となります。

昨今では、車体の軽量化要請もあり、鋼とアルミニウム合金との異種材料接合の検討事例も増えています。このような場合においても、接合界面観察から得られる情報は有益なものとなります。

図3.14に冶金的に接合された鋼とアルミニウム合金の異種材料接合界面の模式図を示します。鋼とアルミニウム合金を金属冶金的に接合した場合、接合界面にAl－Fe金属間化合物層を形成します。この金属間化合物層は薄くて、均一に生成していることが望ましいと言われています。また、複数の組成の金属間化合物層（Al_3Fe、Al_5Fe_2など）を形成する場合、形成されている金属間化合物層の種類は継手特性を把握する、有効な情報となります。さらに、アルミニウム合金表面に接合を阻害する酸化皮膜が残存している場合、継手特性に影響を及ぼします。その際、走査電子顕微鏡法（Scanning Electron Microscopy）、および透過型電子顕微鏡法（Transmission Electron Microscopy）を用いることで金属間化合物の生成状態、酸化皮膜の状態を明らかにすることができます。金属間化合物層の組成は、エネルギー分散型X線分光法（Energy Dispersive X-ray Spectroscopy）、波長分散型X線分光法（Wavelength-Dispersive X-ray Spectroscopy）、およびEPMA（Electron Probe Micro Analyzer）法を用いることで可能となります。金属間化合物層の状態、酸化皮膜の状態はオージェ分光法（Auger Electron Spectroscopy）での観察が有効です。

これら接合構造の状態、継手特性、接合条件の三者の関係を明らかにすることで、接合条件の最適化が可能となり、設計に活かすことができます。

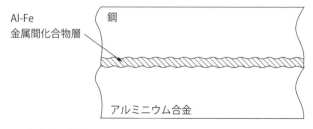

図3.14　冶金的に接合された鋼とアルミニウム合金の異種材料接合界面

3.4.2 破面観察

被接合材、接合部を有する部材が実環境下の使用で破損にいたる場合、局所的な領域で様々な変形、破断モードを示しながら破損にいたります。使用環境によっては変形を伴わず脆性的に破損したり、十分な変形を伴いながら延性的に破損したりします。破損モードの変化は被接合材の材料特性、荷重の負荷状態、温度環境、および変形速度といった様々な要因に起因します。また、振動のような引張強さ以下の荷重が繰り返し付与される場合、疲労破壊が生じます。これら様々な破損の要因を明らかにする手法として有効なのが、破面観察（フラクトグラフィ）（Fractography）という手法です。

破面観察とは、破断面を観察することで、負荷の入力位置、形態、および破断の進展状態といった破損モードに及ぼす要因を直接観察できる手法です。観察したい領域の観察レベル（分解能）に応じてマクロフラクトグラフィ（Macrofractography）、ミクロフラクトグラフィ（Microfractography）として、使い分けられています。

マクロフラクトグラフィでは、破面の状態の全体を俯瞰するために、肉眼、光学顕微鏡（実体顕微鏡）、および走査電子顕微鏡法（Scanning Electron Microscopy）を用いた低倍率の観察を行います。マクロフラクトグラフィにより、おおよその破断形態、亀裂の開始点、亀裂の進展方向といった情報が得られます。ミクロフラクトグラフィでは、光学顕微鏡（実体顕微鏡）、走査電子顕微鏡法（Scanning Electron Microscopy）、透過型電子顕微鏡法（Transmission Electron Microscopy）を用いた高倍率の観察を行います。ミクロフラクトグラフィにより、脆性的な破面（へき開破面）、延性的な破面（ディンプル破面）であるか、繰り返し荷重が付与されたことによる疲労に基づく破面（ストライエーション）であるかといった情報が得られます（**図3.15**）。

また、冶金的に接合された、鋼とアルミニウム合金と異種材料接合継手の破面について、フラクトグラフィを行った場合も、様々な有益な情報が得られます。

フラクトグラフィから、接合面全体で冶金的な反応に基づき接合されているのか、未接合の位置が混在しているのか、破断位置がAl-Fe金属間化合物層（Intermetallic Compoud Layer）の内部であるか、Al-Fe金属間化合物層と被接合材との界面であるか、被接合材（鋼、アルミニウム合金）内部であるか、といった継手強度に影響を及ぼす有益な情報が得られます（**図3.16**）。

これら破面の状態と継手特性、および接合条件の関係を明らかにすることで、接合条件の適正化が可能となり、設計に活かすことができます。

第3章 接合継手の構造と強度

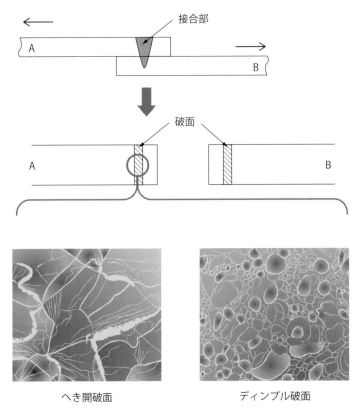

へき開破面　　　　　　　ディンプル破面

図3.15　破面観察による破断形態の特定

3.4 接合継手の観察

破面観察を行うことで亀裂の進展位置が特定できます。

①アルミニウム合金の内部破断
②Al-Fe 金属間化合物層とアルミニウム合金の界面破断
③Al-Fe 金属間層の内部破断
④Al-Fe 金属間化合物層と鋼の界面破断
⑤鋼の内部破断

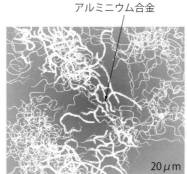

(a) アルミニウム合金側の破面

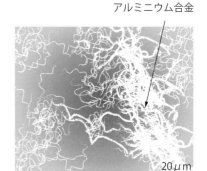

(b) 鋼側の破面

破面観察から一部、アルミニウム合金の内部で破断（①）していることがわかります。

図3.16 破面観察による破断位置の特定

コラム ③ 接合技能の伝承

　わが国においては、人口減少および少子高齢化が進み、工場での有能な働き手が急速に減少しつつあります。そのような状況において、モノづくりにおける有能な作業者の技能伝承が課題になっており、IoT（Internet of Things）、AI（Artificial Intelligence）を有効に活用することが検討されています。IoTとは、「モノのインターネット」とも呼ばれ、あらゆるモノがネットワークにつながり、リアルタイムで情報をやり取りする仕組みのことを言います。AIとは、「人工知能」とも呼ばれ、人間の脳が行っている知的な作業をコンピュータで模倣したソフトウェアやシステムのことを言います。IoTの活用によって膨大なデータ（ビッグデータ）が生成され、AIによってその情報を分析、学習してIoTにフィードバックしていくことができます。

　ここで、空調機メーカーと電機メーカーが行ったIoTの活用による熟練技術者の技能伝承に向けた取組みについて述べたいと思います。ここでは、ロウ付けについて、適正な接合条件にいたる技能的要件（スキル）のデジタル化の試みがなされています。ロウ付けとは、被接合材の融点よりも低いロウ材を中間材として用い、ロウ材を溶かして接合する方法です。空調機構成部品の多くが、ロウ付けにより接合されており、空調機の製造作業において、品質を左右する最も重要な技術とされています。この試みでは、作業に不慣れな作業者（初心者）と熟練工の差を様々な角度から検証しています。目線、手の動き（トーチの状態、ロウ材の供給状態）、特に、手の動きの差異に着目し、慣性センサにより、その挙動の差を明らかにしています。手の動きにともない、差異が生じる接合部近傍の状態を高速度カメラ、サーモカメラで観察し、その差を明らかにしています。これら取得データを総合的に判断し、初心者、熟練工の作業状態を可視化し、比較することで、作業状態と接合状態を明らかにしています。このような技能的要件（スキル）は、いわゆる"コツ"と呼ばれるもので技能伝承は時間がかかるものと認識されてきました。

　このように技術的スキルがデジタル化できれば技能伝承の効率化が可能となるため、大いに期待されています。

第 4 章

自動車車体の軽量化と材料接合

第4章　自動車車体の軽量化と材料接合

4.1

自動車車体の軽量化要請

　ここでは、自動車車体の軽量化の背景として、燃費規制、および乗員保護に対する安全基準の動向について述べていきます。

[燃費規制]

　日本では、改正省エネ法に基づく燃費規制が設定されており、その規制目標値はCO_2排出量で137g/km（2015年）、114g/km（推定）（2020年）の規制が設定されると推定されています。米国では、EPA（Environmental Protection Agency）とNHTSA（National Highway Traffic Safety Administration）によって燃費規制が設定されており、その規制目標値はCO_2排出量で100g/km（2025年）と設定されています。欧州（EU）では、ACEA〔Association des Constructeurs Europeens d'Automobiles〕によって、燃費規制が設定されており、その規制目標値はCO_2排出量で130g/km（2015年）、95g/km（2021年）と、日本、米国と比較しても、高い規制値が設定されています。日本、米国、および欧州（EU）ともに、目標値設定の際、大型車メインのメーカーが小型車メインのメーカーに対し不利にならないようにCAFE（Corporate Average Fuel Efficiency）方式によって、メーカーごとに規制目標値が設定されています。CAFE方式とは、自動車メーカーごとに燃費の平均値に規制をかける方式です。このようなCAFE方式がとられてはいるものの、その規制値は高い値であるため、各メーカーは、その対応に鋭意取り組んでいるというのが現状です。

　このように世界的なレベルで燃費規制が進んでいる中、EV車（Electric Vehicle）、PHV車（Plug-in Hybrid Vehicle）、FCV車（Fuel Cell Vehicle）といった動力機構が異なる車両の開発が重要であるのはもちろんのことですが、未だ販売台数で大部分を占めるICE車（ガソリン車）（Internal-Combustion Engine）の燃費向上が求められています。ICE車の燃費向上策としては、駆動系の効率向上、走行時の抵抗低減、および車両の軽量化といった方策があげられます。燃費の向上、車両の走行性、快適性の向上といった様々な要請を満足させるために車両重量は増加傾向にあり、より一層の軽量化が求められています。車両の軽量化はICE車のみならず、EV車、PHV車、FCV車についても"電費"向

上のために望まれている共通の課題です。

[安全基準]

各国における乗員保護に対する自動車の安全基準は年々高くなり、複雑かつ多様化してきています。Euro NCAP（European New Car Assessment Programme）は、2020年に新たに「ファーサイドの側突試験」、「スモールオーバーラップの前面衝突試験」、「オブリークの斜め衝突試験」を導入するとしています。「ファーサイドの側突試験」とは、運転席とは反対側に他の車両、木や電柱が側突してくることを想定した試験です。運転者には横向きの力が加わるため、センターエアバッグなどの車室内の安全対策が必要となります。「スモールオーバーラップの前面衝突試験」とは、木や電柱が前面からオフセットした形で衝突してくることを想定した試験です。衝突負荷吸収部材であるフロントサイドメンバーの外側に衝突負荷が入力されるため、フロント部に新たに補強材を設けるなど、新たな対策が必要となります。「オブリークの斜め衝突試験」とは、対向車が自車の斜め前方から衝突しけてくることを想定した試験です。衝突負荷吸収部材であるフロ

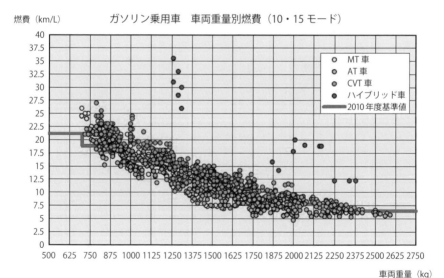

車両重量を軽くすることで燃費が向上します。

図4.1　車両重量と燃費

第4章　自動車車体の軽量化と材料接合

ントサイドメンバーの片側に負荷が集中します。そのため衝撃を骨格全体に分散しにくく、新たな衝突負荷への対策が必要となります。これら衝突基準に対応した安全性の高い車両を実現し、かつ車両重量を増加させないために、さらなる自動車の軽量化が求められています。

　図4.1に車両重量と燃費の関係を示します。図に示すように車両重量を軽減すると燃費が向上することがわかります。そこで、様々な材料〔高張力鋼、軽合金（アルミニウム合金、マグネシウム合金）、CFRP〕の特性を活かすことにより、従来の鋼板のみで構成されていた車体の軽量化を図る試みがなされています。

4.2 軽量化材料

4.2.1 高張力鋼

高張力鋼（High Tensile Strength Steel）とは、固溶強化、析出強化、および金属組織の複合化といった方策によって、引張強度を向上させた鋼です。

高強度鋼の適用により、薄肉化、軽量化が図れ、他の軽合金（アルミニウム合金、マグネシウム合金）、CFRPといった材料に比べて、相対的に低コストということもあり、自動車車体部材での適用率も増加傾向にあります。たとえば、ピラー、ルーフレール、およびシルといった車体骨格部品に適用されています。

高張力鋼の高強度化の開発変遷は以下のとおりです。開発当初は、鋼にMn（マンガン）、Si（シリコン）といった元素を添加することによる「固溶強化」という方法が利用されてきました。さらに、板成形時の温度履歴を緻密に管理することで析出物を形成する「析出強化」と呼ばれる方法が利用されました。固溶強化、析出強化により、金属原子のすべり（転位）が抑制され強度が向上します。しかしながら、この方法では大量の添加元素が必要、かつ強度向上に限界がありました。

また、強度と相反する特性として成形性があります。自動車用鋼板には、強度のみならず、成形性も要求されます。そこで、強度と成形性を両立するための検討が必要とされました。そこで、金属組織において、強度と成形性を受け持たせる部分を分けるという「複合組織」という方法が提案されました。複合組織材料として最初に開発されたDP鋼（Dual-Phase Steel）は、強度をマルテンサイト組織に、成形性をフェライト組織に受け持たせた材料です（**図4.2**）。

成形性に加え、自動車用鋼板には衝突時の変形に伴いエネルギーを吸収し、乗員を保護するという特性も要求されます。そこで、金属組織の一種であるオーステナイトが高速変形時にマルテンサイトに変態することで強度が向上するというTRIP現象を発現するTRIP鋼（Transformation-Induced Plasticity Steel）が開発されました。これはSi（シリコン）、Al（アルミニウム）の添加、および板成形時の温度履歴を緻密に管理することで実現しています。

このように、自動車車体部材の要求特性に答える形で高張力鋼は進化してきました。

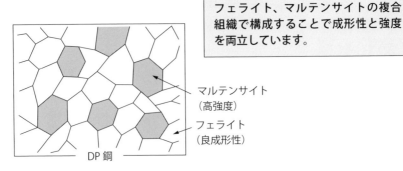

図4.2 高張力鋼（DP鋼）

4.2.2 マグネシウム合金

マグネシウム合金は、実用金属の中で比重が1.8と小さく、〔アルミニウム合金（比重2.7）、鋼（比重7.8）〕、さらに比強度、比剛性の点から、その適用により、アルミニウム合金に対してさらなる軽量化が期待できる材料です。

マグネシウム合金を、自動車の車体部材に適用するにあたっては、耐食性、クリープ特性、および板成形性という、大きく三つの課題があります。

[耐食性]

耐食性の向上に関しては、化成処理、陽極酸化処理、および蒸着処理という方策がとられていますが、廃液処理の環境への影響、コスト面で課題があります。最近では、蒸気環境下にマグネシウム合金をさらすことにより、表面にマグネシウムの水酸化物、酸化物を形成するといった低コスト、低環境負荷の技術が検討されています。マグネシウムの地金コストはアルミの地金コストに近づいているものの、現状、その使用の際には表面処理がセットとなるため、注意が必要です。

[クリープ特性]

クリープ特性に関しては、レアアースと呼ばれるCe（セリウム）、Nd（ネオジウム）といった希土類元素（Rare Earth Elements）を添加することでその特性の改善がされています。レアアースの添加はコスト面のみならず、その埋蔵量を考慮すると、恒久的な供給に問題があると考えられています。最近では、Mg-Li系マグネシウム合金にZn（亜鉛）を添加することでクリープ特性を向上させる方策が検討されています。

[板成形性]

　Mg（マグネシウム）が六方最密格子（HCP：Hexagonal Close-Packed Lattice）であるため、金属原子のすべり（転位）が生じにくく、板の成形性が悪くなっています。板成形可能なマグネシウム合金は、現状ではAZ31など、限られた合金であり、板成形のために大幅なコストアップとなっています。そのため、マグネシウム合金の車体部材への多くは鋳造材に限定されています。最近では、Al（アルミニウム）、Ca（カルシウム）を微量添加することにより組織を微細化し、板成形性を向上するといった検討がされています。

　その他、燃えやすく、加工現場で発生する切りくずが引火しやすいといった留意点もあります。このように様々な課題を抱えてはいるものの、軽量化効果の面では魅力的な材料であり、それら課題解決が望まれています。

4.2.3　CFRP（Carbon Fiber Reinforced Plastics）

　炭素繊維強化樹脂（CFRP：Carbon Fiber Reinforced Plastics）とは、炭素繊維CF（Carbon Fiber）によって強化された樹脂です。

　CFRPは、比重が約1.8と小さく、マグネシウム合金同様、比強度、比剛性の点から、車体部材への適用によって大幅な軽量化が期待できる材料です。CFの配向によっては鋼（自動車用冷延鋼）と比べて、比強度が10倍以上、比剛性が3倍以上と大きな値を示します。その一方、高生産コスト、リサイクルが難しいという短所があります。

　CFRPは用いるマトリックス樹脂の種類によって大別して二種類あります。エポキシ、ポリエステルといった熱硬化性樹脂を用いたものが熱硬化性CFRP（CFRTS：Carbon Fiber Reinforced Thermosetting Resin）、ポリアミド、ポリプロピレンといった熱可塑性樹脂を用いたもの熱可塑性CFRP（CFRTP：Carbon Fiber Reinforced Thermoplastics）です。

　生産コストの低減に関しては、これまで主流であった熱硬化性CFRP（CFRTS）に対して、熱可塑性CFRP（CFRTP）を用いることで、反応時間、生産時間の短縮が見込め、結果、低コスト化ができる可能性があり、広く検討されています。ただし、熱可塑性樹脂は溶融樹脂の粘度が高く、繊維との含浸性に大きな課題があります。リサイクルに関しては、現状、CFの表面にプライマー相当の表面処理がされており、表面処理の仕様含め、CFとマトリックス樹脂の分離技術が検討されています。さらに、粉砕、熱分解、回収する技術についても

検討されています。

　熱硬化性CFRP（CFRTS）に対して、熱可塑性CFRP（CFRTP）を用いるメリットとしては、生産コスト以外に、(1) 脆性的な破壊ではなく、延性的な破壊を示すという点、(2) 接合に関してはリベットのような機械締結のみならず、一般的な熱可塑性樹脂に適用可能な接合工法（溶着）が適用可能であるという点、があげられます

　また、CFの配向に基づく材料特性の異方性があるため、車体部材への適用の際には、その考慮が必要となります。CFの配向が一方向の材料と、CFを意図的に配向、積層した擬似等方材料では材料特性が大きく異なります。そのため、実使用環境下の負荷モードを考慮して材料の仕様を決定していくことになります。さらに、材料内部で破壊が生じる場合、その破壊がマトリックス樹脂で生じているのか、CFで生じているのか、それら界面で生じているのかという情報も重要な材料設計の指針となります。

　現状、コスト面では大きな課題があるものの、車体部材への適用により、大幅な軽量化効果が期待できるため、注目されている材料です。

4.3 軽量化材料の接合

4.3 軽量化材料の接合

4.3.1 高張力鋼の接合

　車体部品の接合に広く使用されているスポット溶接で高張力鋼を接合する場合、以下の点に留意する必要があります。高張力鋼は強度が高く、スポット溶接時の加圧に対する変形抵抗も大きいため、通電経路が確保しづらく、接合初期の接触抵抗が大きくなり、接合不良が生じる場合があります。そのような場合は高加圧の付与が必要となります。また、C（炭素）、Si（シリコン）、Mn（マンガン）の添加量が多い高張力鋼、金属組織を制御した高張力鋼であるDP鋼（DP：Dual Phase）、TRIP鋼（TRIP：Transformation Induced Plasticity）の体積抵抗は、軟鋼に比べて大きいため、低電流で発熱が生じやすく、接合条件の選定には、その考慮が必要です。さらに、Cの含有量が多い場合、接合の際の入熱によって急熱、急冷が付与されると「溶接金属」、「熱影響部」が焼入れ状態となって硬化し、靭性が低下します。硬化（靭性の低下）を防止するために、焼き戻しのための後熱過程を加えて特性を改善します。

　Cの含有量が多い場合、「溶接金属」、「熱影響部」の硬化（靭性の低下）のみならず、低温割れについても考慮する必要があります。低温割れ（遅れ破壊、水素脆性）とは、接合後、数日間経過した後に割れが生じる現象です。低温割れは、(1)「溶接金属」、「熱影響部」の硬化（靭性の低下）、(2)「溶接金属」、「熱影響部」への水素の拡散、(3) 接合継手への拘束（引張負荷）、という三つの条件が揃うと生じます。上記、三つの条件のうち、一つでも欠けると低温割れは生じないため、以下のような点に考慮することで回避できます。「溶接金属」、「熱影響部」の硬化（靭性の低下）の抑制については、焼き戻しのための後熱過程を加えることで抑制することができます。「溶接金属」、「熱影響部」への水素の拡散については、被接合材表面の油分、水分などが残存しないようにする、接合雰囲気の湿度を管理する、シールドガスによって水分の浸入を防ぐといった方策により抑制できます。接合継手への拘束（引張負荷）については、接合構造（継手形状、接合部位の形状）の見直し、板厚の変更、溶接パスの変更といった方策により接合継手の拘束状態（引張の残留応力）を緩和できます。

第4章　自動車車体の軽量化と材料接合

高張力鋼固有の接合時の課題を考慮して、接合条件を選定することで効果的に高張力鋼を用いることができます。

4.3.2　マグネシウム合金の接合

ここでは、マグネシウム合金の接合性について述べます。材料特性をアルミニウム合金と比較することで接合性の特徴について説明を行います。

マグネシウム合金とアルミニウム合金を比較した場合、融点、融解熱は大きな差がないものの、マグネシウム合金の比熱（マグネシウム合金$1.8MJ/m^3$、アルミニウム合金$2.4MJ/m^3$）は小さいため、接合の際の入熱量を抑える必要があります。また、マグネシウム合金はアルミニウム合金に比べて、熱伝導率（マグネシウム合金155W/m・K、アルミニウム合金238 W/m・K）が小さく、線膨張係数（マグネシウム合金$26 \times 10^{-6}/K$、アルミニウム合金$24 \times 10^{-6}/K$）がアルミニウム合金同様大きいため、接合時の熱が逃げにくく、ひずみ、割れが生じやすい傾向があります。さらに、アルミニウム合金の場合と同様、被接合材表面に酸化皮膜を形成しやすく、その酸化皮膜が接合を阻害するため、良好な接合継手を得るためには、その対策が必要となります。

以下、自動車車体用の接合工法であるスポット溶接、アーク溶接、レーザ溶接を例にとり、マグネシウム合金の接合の特徴を述べたいと思います。

［スポット溶接］

アルミニウム合金と比較して、マグネシウム合金は電気抵抗が大きく、熱伝導率が小さいのでスポット溶接による接合性は良好です。一方、熱伝導率は小さく、線膨張係数が大きいため割れが生じやすい傾向があります。

［アーク溶接］

レーザ溶接の場合と同様、MIG溶接、TIG溶接といったアーク溶接の場合も、入熱量を抑えるような接合条件を選定する必要があります。また、材料表面の酸化皮膜に関しては、直流電源で被接合材がプラスになるように電源を設定することによるクリーニング効果で酸化皮膜を除去でき、良好な接合部が得られます。なお、マグネシウム合金の接合の場合は、溶加材としてAZ61合金、AM100合金といった被接合材の材種と同一の合金系の溶加材が使われます。

［レーザ溶接］

レーザ溶接のような溶融溶接を適用する場合、マグネシウム合金の場合は割れ、ひずみが生じやすいことから、入熱を抑える必要があります。レーザ溶接を

4.3 軽量化材料の接合

適用する際、パルス発振させるなどといった温度状態を適正に制御する接合条件を選定することで、アルミニウム合金と同等の良好な接合部が得られています。

4.3.3 CFRPの接合

ここでは、CFRPのうち、熱可塑性のCFRTP（Carbon Fiber Reinforced Thermo Plastics）に適用可能な接合工法について述べたいと思います。熱可塑性CFRPは加熱すると軟化、溶融するので溶着工法を適用することができます。

[超音波接合]

ホーンと呼ばれる部分に加えられた超音波振動を先端に取り付けたツールに伝え、その振動エネルギーによる発熱で、被接合材を溶着します。振動の向きは被接合材の面に垂直な物、水平な物があります。成形部品の接合面に突起を設けて、被接合材の相手材に対して、その突起を通じて振動エネルギーを伝達して溶着する場合もあります。

[高周波接合]

高周波を被接合材内部の樹脂の分子構造に作用させることによる発熱で被接合材を溶着します。被接合材の内部から発熱が生じることが特徴で、そのため被接合材全体が発熱し、接合面を選択的に発熱させることはできません。このような発熱形態から、厚肉部品の溶着には向いていません。

[レーザ接合]

レーザ接合はレーザを透過する材料（上側、レーザ照射側）と吸収する材料（下側）の重ね接合に適用することが可能です。レーザを透過する材料側からビームを照射し、下側の材料に吸収させることで発熱させ、溶着します。そのため、被接合材の組み合わせが限定されるというのが本接合工法のデメリットです。

[赤外線接合]

接合面に赤外線を照射することで、接合面を軟化、溶融させ、接合面を重ねることで溶着します。本赤外線は後述の熱板接合（外部加熱接合）、摩擦接合の予熱工程で用いる場合もあります。

[外部加熱接合（溶着）]

外部加熱接合（溶着）は外部に熱源を設け、被接合材にその熱源の熱を被接合材に伝熱させることで溶着します。外部加熱接合には熱板接合、熱風接合があります。熱板接合は温めた熱板を接合面に押し付け、軟化、溶融させ溶着します。

97

第4章　自動車車体の軽量化と材料接合

熱風接合は熱風により、被接合材の接合面を軟化、溶融させて溶着します。いずれも伝熱速度がネックになるため、生産効率は高くありません。しかしながら、原理が単純、かつ設備的に安価であるというメリットがあります。

[摩擦接合]

　被接合材同士を接合面で突き合わせ、摩擦を付与することによる発熱を利用して、軟化、溶融させて溶着します。摩擦を与える方向に応じて、スピンウエルド（回転円運動）、リニアウエルド（直線往復運動）、アンギュラ（円弧往復運動）と呼ばれています。

コラム④ 可逆接合

　接合工法の技術開発のみならず、リサイクル性を考慮して、分離、易解体に関する技術開発の検討も行われています。燃費向上、乗員保護の双方を実現するために検討されているマルチマテリアル車体の場合、様々な材料が、その特性を活かし、適材適所に用いられているため、リサイクル性を考慮した設計が重要となります。たとえば、ボルト、ナットのような締結方法を選択する場合、解体性がよい反面、コストの増大と同時に、ボルト、ナットの重量分が付与されるため、軽量化効果が目減りするので、車体用の締結方法として考えた場合、メインの締結方法として使用するというのは現実的ではありません。そこで、マジックテープのように締結、分離が何度でも可能な可逆接合方法として、指先に吸盤機構を持たないにも拘らず、様々な材質、形状の壁を自由に移動できるヤモリの指先の接合機構のメカニズムの解明、その工業的な応用が検討されています。

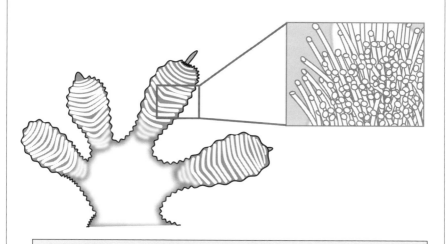

ヤモリの指先には多くの細い毛が生えており、その毛の先端が壁などの相手方の凹凸（粗さ）に拘らず、相手面に近距離まで接近し、分子間力（ファン・デル・ワールス力）が発現していると考えられています。

図1　ヤモリの指先の状態

図1にヤモリの指先の状態を示します。ヤモリの指先には1平方メートルあたり10万から100万本の毛が生えており、その先端はさらに枝分かれし、1平方メートルあたり、10億本の毛が生えています。断面サイズはナノオーダーであり、接触する相手面のミクロな微細凹凸に入り込み、対象物（壁）と毛の間の分子間でファンデルワールス力が働くことにより強度を発現していると考えられています。

　ヤモリの指先を工業的に模擬し、ヤモリの指先の毛に相当する物質をカーボンナノチューブCNT（Carbon Nano Tube）で再現し、ヤモリの接合強度に近いレベルのせん断強度を実現した例があります。剥がしたい時には容易に剥がせ、相手材を選ばないという点が大きな長所です。

　サスティナブル社会を実現していくために、生産効率向上のための接合工法の開発のみならず、リサイクル性を考慮した分離技術を検討することが求められています。

第 **5** 章

異種材料接合

5.1 自動車車体のマルチマテリアル化

[自動車車体の軽量化]

　前章より、日本、米国、および欧州といった世界レベルで燃費規制が進む中、自動車車両の軽量化が強く求められていることが理解できます。一般的な4ドアセダンの車両重量の構成としては、ボディシェル（骨格）が25％、クロージャー（蓋物）が15％、内外装が16％、シャシが27％、パワートレインが17％であり、ボディシェル（骨格）とクロージャー（蓋物）からなる車体の重量は車両全体の40％を占めていることから、車体の軽量化は車両全体の軽量化に対する寄与率が大きいことがわかります（図5.1）。車体の軽量化の方策としては、従来の鋼板を高張力鋼板、軽合金（アルミニウム合金、マグネシウム合金）、およびCFRPへ置換する方法があります。本章では、車体を全てアルミニウム合金で置換するオールアルミニウム合金車体、その一部をアルミニウム合金で置換する鋼－アルミニウム合金車体、さらに様々な材料の特性を適材適所に用いるマルチマテリアル車体について、紹介したいと思います。

[オールアルミニウム合金車体]

　アルミニウム合金は比重（2.7）と鋼の比重（7.8）に対して約1/3であり、比強

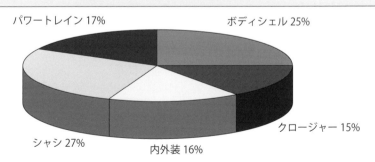

図5.1　車両の重量構成比

度、比剛性にも優れており、鋼に対して材料置換することで軽量化することができます。また、面剛性、耐デント性（凹みにくさ）にも優れていることから、アルミニウム合金を板として利用する場合、ドア、フード、およびルーフといった面積が大きなパネル部品に適用することで、その特性を活かすことが可能となります。面剛性は板厚の三乗で有効に働くため、軽量でその特性を引き出すことができます。

　自動車車体をオールアルミニウム合金とすることのメリットは、異種金属材料が混在する車体の場合は、イオン化傾向差によって電食が問題になるのに対し、オールアルミニウム合金車体の場合であれば問題とならないことです。また、線膨張係数差によって生じる熱応力（たとえば、塗装工程170℃前後、20分）も問題となりません。

　鋼とアルミニウム合金を比較した場合、その適用における一番の課題は材料コストです。さらに、アルミニウム合金は熱伝導、電気伝導が大きく、融解潜熱、比熱が大きいため、溶融溶接を適用するには急熱、急冷の条件を選定することが重要となります。また、熱影響によって母材強度が低下するため、入熱自体を抑え、熱影響を抑える必要があります。

　そのため、これまでは、オールアルミニウム合金車体は一部の生産量が少ないプレミアムカーに限定されていました。たとえば、AudiのA8、JaguarのXJなどです。そのような中、2015年にFordから年間70〜80万台量産されているピックアップトラック（F-150）が発表されました。これまで、オールアルミニウム合金車体はコスト面から、プレミアムカーに限定されていただけに大きな注目をひきました。F-150には、SPR、FDS、クリンチング、スポット溶接、およびレーザ溶接といった様々な接合工法が適用されています。F-150の登場は、今後の自動車車体のアルミニウム合金の適用動向に大きな影響を与えると思われます。

　現在、自動車車体に適用されているアルミニウム合金の種類は、部品の成形性、接合性の観点から5000系（Al-Mg系）、6000系（Al-Mg-Si系）が広く使われています。今後は、高強度化を目指して7000系（Al-Zn-Mg-Cu系、Al-Zn-Mg系）が進むと考えられます。

［鋼－アルミニウム合金車体］

　オールアルミニウム合金車体に対して、鋼の一部をアルミニウム合金に置換することで、鋼、アルミニウム合金の各々の材料の特性を活かすことができます。

　たとえば、フレーム構造を鋼（高張力鋼含む）、フード、ルーフ、ドアといった

パネル部品をアルミニウム合金とすることで、衝突時の車室内への車両の進入を防ぎ、乗員を保護することが可能となります。オールアルミニウム合金を適用する場合と比較して、性能向上に有効な部位のみにアルミニウム合金を用いることで、その使用量をおさえることができ、コスト面でも有利となります。また、たとえばルーフにアルミニウム合金を適用する場合、重心が低下し、走行安定性が増します。また、車体フロント部、たとえばフロントサイドメンバーにアルミニウム合金を適用することで、相対的にフロントが軽くなり、操縦安定性が向上します。

鋼の車体の一部をアルミニウム合金とする場合、オールアルミニウム合金車体の場合には問題とならなかった異種材料間のイオン化に起因する電食、線膨張差に起因する熱応力が問題となります。また、鋼とアルミニウム合金を冶金的に接合する場合は、反応層（Al-Fe金属間化合物層）を介した接合となるため、その状態の制御のためには緻密な温度管理が重要となります。

電食の対策としては、異種材料間にシール材を配置して、水分の進入を防ぐことにより、電食を防止しています。

鋼−アルミニウム合金車体の事例としては、ルーフをアルミニウム合金とした三菱自工のアウトランダー、フロントサイドメンバーをアルミニウム合金としたBMWの5シリーズ、フロントサブフレームの一部をアルミニウム合金としたホンダのアコードなどがあります（図5.2）。接合工法として、アウトランダー、5シリーズではシール機能を持たせるための接着剤と機械的締結工法であるSPRが併用されています。アコードでは、シール機能を持たせるための接着剤を接合界面に配置した状態で、FSWによって冶金的に接合されています。

現状、鋼とアルミニウム合金の接合は、量産レベルではホンダのアコードのような一部事例を除いて、機械的締結（SPR、ボルト、ナット）がメインとなっています。機械的締結の方が品質管理がしやすいというのが大きな理由であると思われます。機械的締結の場合は副資材を用いるため、コストアップするのみならず、場合によっては軽量化効果が目減りする場合もあります。今後は、安価で信頼性が高い、冶金的な鋼とアルミニウム合金の接合技術の開発、適用が進んでいくと考えられます。

[マルチマテリアル車体]

鋼、アルミニウム合金に加えて、マグネシウム合金、CFRPといった様々な材料の特性を活かすことで軽量化をはかる考え方がマルチマテリアル車体です。車

5.1 自動車車体のマルチマテリアル化

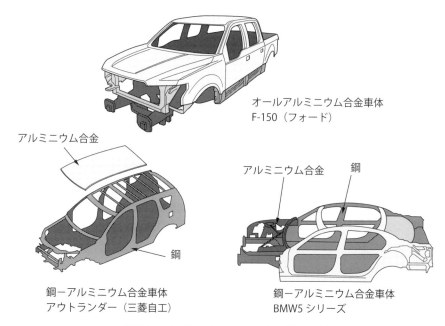

図5.2 鋼-アルミニウム合金車体の事例

体部材に必要とされる要件は部位によって異なります。

たとえば、車体骨格部材のうち、フロントサイドメンバーは前突の際のエネルギー吸収能が要求され、ピラーは側突の際の車室内への進入を抑制する特性が要求されます。車体パネル部品のうち、フード、ドアには面剛性、耐デント性が要求されます。これら、部位に応じた要求を満足するよう、各々の材料の特性を活かし、適材適所に用いる考え方によって設計される車体がマルチマテリアル車体です。

マグネシウム合金は比重（1.8）と鋼の比重（7.8）に対して約1/5であり、比強度、比剛性にも優れており、アルミニウム合金に対して、さらなる軽量化をはかることができます。CFRPについても、比重（約1.8）と鋼の比重（7.8）に対して約1/5であり、比強度、比剛性にも優れており、アルミニウム合金、マグネシウム合金に対してさらなる軽量化をはかることができます。CFRPの場合は、CF（Carbon Fiber）の繊維体積含有率Vf（Vf：Fiber volume content）、CFの種類（連続繊維、短繊維、長繊維）、CFの配向状態（0°、45°、90°）を考慮することで、比強度、比剛性を大幅に向上させることができます。鋼に関しても、軟

第5章　異種材料接合

鋼板に対して、強度が高い高張力鋼を用いることで、素材の板厚を薄肉化、軽量化をはかることができます。高張力鋼のように鋼の強度向上に応じて、その板厚を薄肉化でき、軽量化ができるのですが、曲げ、ねじりといった負荷に対する剛性は板厚の三乗で働くので、鋼のみでの軽量化は限界があります。そこで剛性を補強するような形で部分的にCFRPを使用するという使い方がされています。

　マルチマテリアル車体の事例としては、（a）BMWの7シリーズ、（b）ホンダの新型NSX（2015年〜）があります（**図5.3**）。BMWの7シリーズでは高張力鋼、アルミニウム合金、およびCFRPを適材適所に配置することで130kgの軽量化を実現しています。ピラー、シルには超高張力鋼を採用することで側突の際の車室内への進入を抑制し、キャビン空間を確保しています。また、フロントサイドメンバーにアルミニウム合金を採用することで前突の際のエネルギー吸収能を確保しています。フロントサイドメンバーの軽量化により、車両重心に対する慣性モーメントが低減し、操縦安定性を向上することも可能となります。その他、フード、ドア、トランクリッドといったパネル部品にアルミニウム合金が適用されています。さらに、各部にCFRPを適用〔ルーフレールの心材、前後ルーフビームの補強、中央ルーフビーム（左右Bピラーの連結部位）〕することにより、剛性面を補強しています。

　ホンダのNSXもBMWの7シリーズの場合同様、高張力鋼、アルミニウム合金、およびCFRPを適材適所に配置しています。加えてSMCという強化繊維入り樹脂シートという新材料も採用しています。フード、ドアにアルミニウム合金を採用することで、面剛性、耐デント性を確保しながら軽量化を実現しています。また、フロントサイドメンバーにアルミニウム合金を採用することで前突の際のエネルギー吸収能を確保し、操縦安定性を向上しています。さらに、ルーフ、およびフロアの一部にCFRPを採用することで剛性面を補強しています。先代のNSX（1990年〜）に対して、システム出力を206kWから427kWに増大し、車体寸法を4430（全長）×1810（全幅）×1170（全高）から4490（全長）×1940（全幅）×1215（全高）に拡大しているにもかかわらず、車両重量はわずか16kg増に抑えられています。これはマルチマテリアル車体による軽量化効果が大きいと思われます。接合工法として、BMWの7シリーズではCFRPに関わる接合部位にはブラインドリベット、ボルト締結、接着といった接合工法が適用されています。NSXでは、SPR、FDS、ローラーヘミングといった接合工法が適用されています。

106

- ピラー、シルに超高張力鋼（900MPa以上）を採用することで、側突の際の車室内への進入を抑制し、キャビン空間を確保しています。
- フロントサイドメンバーにアルミニウム合金を採用することで、前突の際のエネルギー吸収能を確保し、操縦安定性も向上しています。
- 車体各部にCFRPを採用することにより、剛性面を補強しています。

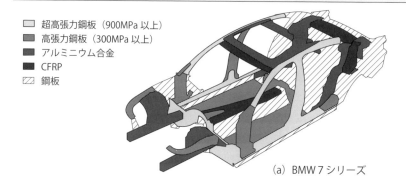

(a) BMW 7シリーズ

- フード、ドアにアルミニウム合金を採用することで、面剛性、耐デント性を確保しながら、軽量化を実現しています。
- フロントサイドメンバーにアルミニウム合金を採用することで前突の際のエネルギー吸収能を確保し、操舵安定性も向上しています。
- ルーフ、フロアの一部にCFRPを採用することで剛性面を補強しています。

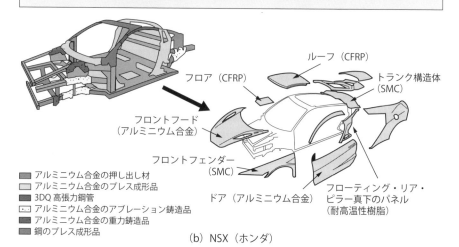

(b) NSX（ホンダ）

図5.3 マルチマテリアル車体の事例

第5章　異種材料接合

5.2
異種材料接合の効果、課題

　異種材料接合とは、鋼とアルミニウム合金、およびマグネシウム合金といった異種金属同士、金属材料と高分子（たとえば、CFRP）といった異種材種同士を接合する方法です。

　異種材料接合技術を適用する際の効果としては、構造体の軽量化、低コスト化、および高機能化があげられます。自動車の車体を例にとると、衝突性能に関係する部位により強度が高い高張力鋼をメンバ、シルといったフレーム部品に適用、比強度、比剛性が高く、さらに面剛性、耐デント性に優れたアルミニウム合金をドア、ルーフ、フードといった大面積のパネル類に適用、アルミニウム合金よりもさらに比強度、比剛性が高いが、現状、板としての成形が困難な、マグネシウム合金を鋳物部品としてダッシュパネル、シートフレームに適用し、各々の結合部位に異種材料接合を適用することで軽量化を実現できます。車体をオールアルミニウム合金化することにより、軽量化を実現したAudiのA8、ホンダのNSXといった車両もありますが、アルミニウム合金のコストは鋼に比べて約4倍と高いため、コストアップにつながってしまいます。また、ルーフにアルミニウム合金を適用することで車両の重心高さが下がるため、走行安定性が向上します。このように、異種材料接合を適用することで、軽量化、低コスト化、および高機能化を実現することができます。このようにメリットが多い異種材料接合ですが、以下に示すような課題があり、その適用の際には留意を要します。

　異種材料接合の課題を以下に述べます（**図5.4**）。

［金属間化合物層の制御］（冶金的な接合工法）

　異種金属間を接合する場合について、鋼とアルミニウム合金を例にとると、接合界面の冶金的な反応状態（鋼とアルミニウム合金の場合は、Al-Fe金属間化合物層の状態）の制御があります。Al-Fe金属間化合物層の厚さは継手強度に大きく影響し、薄く、均一な状態にする必要があります。

［熱応力の低減］（全ての接合工法）

　鋼とアルミニウム合金では、互いの線膨張係数が異なるため、接合部位の線長が長い箇所では、塗装工程等、室温との温度差が生じる際には熱応力が発生しま

5.2 異種材料接合の効果、課題

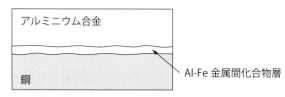

(a) 反応層（金属間化合物層）

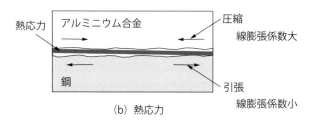

(b) 熱応力

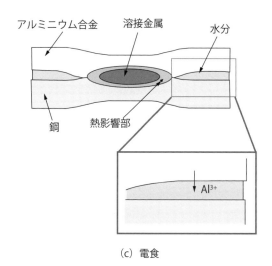

(c) 電食

図5.4　異種材料接合の課題

す。そのため、場合によっては変形差を逃がす工夫をすることで熱応力を低減する必要があります。

[電食の防止]（全ての接合工法）
　接合部近傍に水分が介在するような状態になると、互いのイオン化傾向差による電食が問題になります。そのため、接合部近傍に水分が介在しないよう、シー

ルするような工夫をすることで電食を防止する必要があります。

[量産に耐えうる微細凹凸形状加工]（金属－樹脂接合）（アンカー効果）

　金属と高分子といった異種材種間を接合する場合について、たとえばアルミニウム合金とCFRPを例にとると、継手強度を発現させるためのメインの効果が機械的なアンカー効果であるため、化成処理（エッチング）、レーザクラッディング、およびレーザビーム照射といった加工工法を用いて金属材料表面に凹凸を設ける必要があります。その際、量産を考慮すると、生産効率、低コストであることが要求されます。

5.3 鋼とアルミニウム合金の接合事例

5.3.1 鋼とアルミニウム合金の接合（CMT）（Cold Metal Transfer）

CMT（Cold Metal Transfer）とは、アーク溶接法の一種でMAG溶接、MIG溶接といったアーク溶接において、供給するワイヤと被接合材間距離を制御し、ワイヤと被接合材の近接によるアークの発生、ワイヤと被接合材の短絡によるアークの停止、といったプロセスを繰り返すことで、緻密な温度制御を可能とする接合方法です。

図5.5にCMTの接合状態を示します。（a）ワイヤを供給し被接合材面間がある一定の距離になるとワイヤと被接合材間でアークが発生し、被接合材の温度が上昇します。（b）ワイヤが被接合材の溶融池に接触すると、短絡してアークが消失し、温度が減少します。（c）ワイヤを引き上げ、次のアーク発生の準備過程に入ります。（d）ワイヤと被接合材間がある一定の距離になると再びアークが発生し、被接合材の温度が上昇します。一秒間に数十回、このアーク発生、短絡過程を繰り返すことで温度の緻密な制御が可能となります。

CMTを適用する長所としては、（1）MAG溶接、MIG溶接といった通常のアーク溶接に比べてスパッタが少ない点、（2）温度制御が緻密であるため、0.5mm以下の薄板の接合も可能である点、があげられます。その一方、短所として、（1）接合プロセス温度が低温化するので、ワイヤの流れが悪く、場合によっては溶接部に凸形状が形成される点、があげられます。短所の（1）については、湯流れ性のよいワイヤを用いることで、そのような凸形状の形成を抑制しています。

温度制御が緻密化できるがゆえ、本工法を鋼とアルミニウム合金の異種材料接合に用いる試みがいくつかなされています。溶融亜鉛めっき鋼板（GI材）と6000系アルミニウム合金との接合に適用し、Al-Fe金属間化合物層の厚さ、熱影響領域を低減し、高強度化するといった試みがなされています。また、合金化溶融亜鉛めっき鋼板（GA材）と5000系アルミニウム合金との接合にAl-Si系のワイヤを用いることによってロウ付けするといった試みがなされています。

自動車車体に適用化されている、鋼とアルミニウム合金の冶金的な異種材料接合としては、摩擦攪拌接合（FSW、FSSW）といった接合工法で一部実用化さ

第5章　異種材料接合

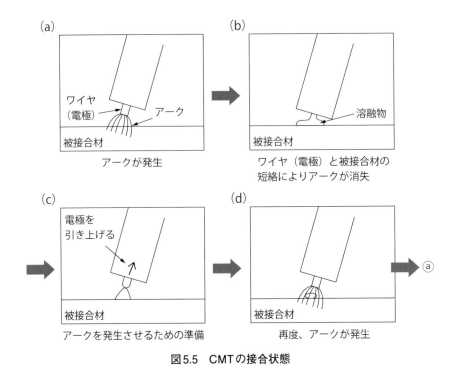

図5.5　CMTの接合状態

れている以外は、メインはSPR、クリンチング等といった機械締結がメインとなっています。高品質な冶金的な接合の接合継手を得るためには、緻密な温度制御により、Al-Fe金属間化合物生成にかかっています。本工法は緻密な温度制御が可能であり、その期待が寄せられています。

5.3.2　鋼とアルミニウム合金の接合（レーザブレージング）

　レーザブレージングとは、レーザを熱源として被接合材をロウ付けにより接合する方法です。一般的にロウ付けは、被接合材を溶融させず、溶融したロウ材を介して接合するというのが一般的ですが、鋼とアルミニウム合金をレーザ溶接によりロウ付けする場合は、鋼は溶融させないもののアルミニウム合金は溶融させて接合します。鋼とロウ材の界面は、非溶融状態の鋼と溶融状態のロウ材が、ロウ材のぬれ性を利用して接合されています。鋼とアルミニウム合金の接合にはAl系のロウ材（Al-Si、Al-Mg系など）を用いることが多く、その場合は鋼とロウ材の界面に反応層（Al-Fe金属間化合物層）を形成して接合がなされます。一

5.3 鋼とアルミニウム合金の接合事例

方、アルミニウム合金とロウ材の界面は、アルミニウム合金とロウ材がともに溶融し、溶融接合部を形成しています。

レーザブレージングは、突合せ継手、重ね隅肉継手、重ね継手、フレア継手と

> ロウ材により、被接合材間のギャップを埋める特性があるため、様々な接合継手の形態に適用が可能です。

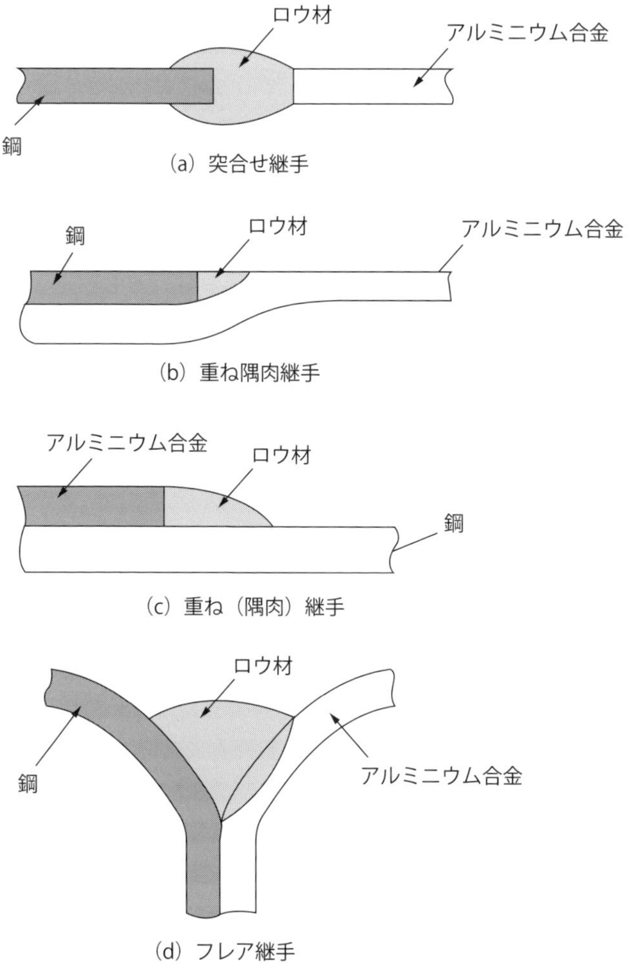

ロウ材

アルミニウム合金

鋼

（a）突合せ継手

鋼　　ロウ材　　アルミニウム合金

（b）重ね隅肉継手

アルミニウム合金　ロウ材

鋼

（c）重ね（隅肉）継手

ロウ材

鋼

アルミニウム合金

（d）フレア継手

図5.6　レーザブレージングの接合継手の形態（鋼とアルミニウム合金の接合）

113

第5章　異種材料接合

いった様々な形態の継手に適用されています。これは、本接合工法がロウ材の溶融によって、被接合材間のギャップを埋める特性があることに由来しています（**図5.6**）。様々な継手形状に適用可能であるということにより、設計自由度が大きいため、車体適用の際は大きなメリットとなります。継手形状に応じて、鋼は非溶融、ロウ材、アルミニウム合金は溶融させるよう、レーザビームの照射位置を考慮して接合条件が決定されます。

　アルミニウム合金を接合する際に問題となる、表面の酸化皮膜に関しては、ロウ材に加えて、フラックスを併用する場合もあります。フラックスを併用する場合は、ロウ付け後に残存したフラックスを除去せねばならず、生産性が低減する傾向があることに留意する必要があります。そこで、Zn-Al系のロウ材を用いることにより、Zn（亜鉛）中へのAl（アルミ）の溶解を促進し、フラックスレスで接合するといった方策もとられています。さらに最近ではAl-Si系のロウ材中にフラックスを内包した物も開発されており、さらなる接合性の改善がなされています。

　上記のようにレーザブレージングの場合は、ロウ材を用いず、鋼とアルミニウム合金の双方を溶融させダイレクトに接合する場合に比べて、入熱を抑制でき、ひずみを抑えることができます。鋼は溶融させないため、鋼とロウ材の界面で生成する反応層の状態を制御しやすいという特徴があります。

5.3.3　鋼とアルミニウム合金の接合（摩擦圧接）

　摩擦圧接とは、中実丸棒、もしくは中空丸棒の被接合材を回転させながら接触させ、その際に発生する摩擦熱を利用することで塑性流動を生じさせ、固相の状態で接合する方法です。

　図5.7に摩擦圧接の状態を示します。鋼の中実丸棒を回転させながら、固定したアルミニウム合金の中実丸棒に近づけます。鋼の中実丸棒とアルミニウム合金の中実丸棒を接触させ、摩擦熱を発生させます。所望の時間、摩擦熱を発生させ、アルミニウム合金を軟化、塑性流動させます。最後にアプセット圧力を加え、接合を終了します。

　本接合工法を鋼とアルミニウム合金の異種材料接合に適用する長所としては、(1) 溶融接合と比較して、アルミニウム合金の塑性流動を利用した固相接合であるため、鋼とアルミニウム合金の接合を行う際、重要な支配因子となるAl-Fe金属間層を薄く、均一に生成することができるという点 (2) 被接合材表面の酸化

皮膜が接合を阻害するようなアルミニウム合金の接合において、酸化皮膜が機械的に破壊、除去することが可能であるであるという点、(3) 中実丸棒から中空部品への変更による軽量化のみならず、鋼とアルミニウム合金といった異種材料を適材適所に使い分けることで更なる軽量化をはかることが可能であるという点、があげられます。

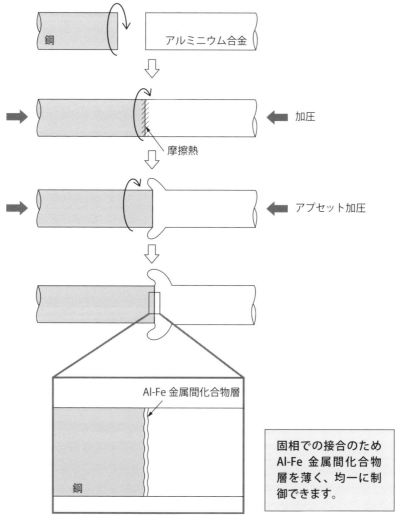

図5.7　摩擦圧接の接合状態（鋼とアルミニウム合金の接合）

第5章　異種材料接合

高信頼性、高品質な鋼とアルミニウム合金の異種材料接合継手が得られる、冶金的な接合工法として、さらなる適用領域の拡大が期待されます。

5.3.4　鋼とアルミニウム合金の接合（FSW：Friction Stir Welding）、（FSSW：Friction Stir Spot Welding）

摩擦攪拌接合（FSW、FSSW）とは、先端にピンを有するツールを回転させながら被接合材に挿入し、ピン、およびツールのショルダー部分と被接合材間で発生する摩擦熱を利用することで接合する方法です。線接合をFSW（Friction Stir Welding）、点接合をFSSW（Friction Stir Spot Welding）と呼んでいます。被接合材を溶融させることなく、摩擦熱によって軟化させて塑性流動によって固相で接合するため低温での接合が可能となり、Al-Fe金属間化合物層を介して接合がなされる鋼とアルミニウム合金の接合においても有利となります。

図5.8に鋼とアルミニウム合金の異種材料接合の状態を示します。アルミニウム合金を上側、鋼板（合金化溶融亜鉛めっき鋼板）（GA材）を下側に配し、ツールをアルミニウム合金側から挿入し、ピン先端を鋼板表面に接する位置まで挿入させツールを面内方向に移動させながら線接合します。ピン先端が回転しながら被接合材表面に接触することで亜鉛めっきを除去、鋼板の新生面を露出させ、軟化したアルミニウム合金と反応させ、薄くて均一なAl-Fe金属間化合物層を生成、高強度な接合継手が実現されます。アルミニウム合金を接合する場合に問題となる表面の酸化皮膜もツールの攪拌によって破壊され、新生面が露出されます。さらに、鋼とアルミニウム合金を接合する際、AlとFeイオン化傾向差に起因する電食が問題となるため、アルミニウム合金と鋼の間にシール材をはさんで接合します。

FSSWの鋼とアルミニウム合金の異種材料接合の場合は、アルミニウム合金を上側、鋼板（溶融亜鉛めっき鋼板）（GI材）を下側に配し、ツールをアルミニウム合金側から挿入し、ツールと被接合材間で発生する摩擦熱によりアルミニウム合金を軟化させ、塑性流動を生じさせます。その際、アルミニウム合金の新生面が露出、亜鉛めっきが除去されることにより、鋼の新生面も露出し、新生面同士が溶融接合に比べて低温で接触することで薄くて均一なAl-Fe金属間化合物層が生成、高強度な接合継手が実現されます。

線接合はホンダのアコード（2013年〜）のフロントサブフレームの接合に実用化されています。また、点接合はロードスターのトランクリッド〔ヒンジレイ

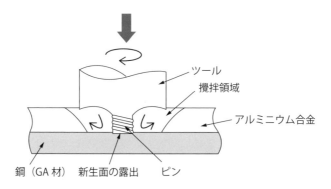

図5.8 FSSWの接合状態（鋼とアルミニウム合金の接合）

ンフォースメント（アルミニウム合金）とボルトリテーナー（鋼製）〕の接合で実用化されています。

　自動車車体の鋼とアルミニウム合金の異種材料接合はSPR、クリンチングといった機械的締結がメインであり、副資材を使用しないことからコスト面で有利な冶金的な直接接合する本接合工法の利用拡大は低コストで軽量化を実現できるという点で期待が大きいです。

5.3.5 鋼とアルミニウム合金の接合（SPR：Self-Piercing riveting）

　SPR（Self-Piercing riveting）とは、ブラインドリベットのように事前の下穴不要でリベットを、直接、重ねた被接合の上側から挿入、下板まで到達させ、リベットを介して機械的に締結する接合方法です。

　冶金的な反応をともなう接合の場合は、接合界面に形成される金属間化合物層の状態を制御する必要がありますが、SPRは塑性変形による機械的締結であるため、その制御が不要であるというメリットがあります。

　図5.9.1と図5.9.2にSPRを鋼とアルミニウム合金の接合に適用した場合の接合状態と接合継手の破損モードを示します。上側にアルミニウム合金、下側に鋼

を配置した状態で、上から鋼製のリベットを差し込みます。鋼板が高張力鋼の場合、鋼板の強度に締結の際、加圧が大きくなりリベットに亀裂等の破損が生じることがあるので留意が必要です。

継手強度は、リベット脚部の食い込み量と相関があり、その量を管理することで品質管理が行われています（図5.10）。脚部の食い込み量は接合界面断面を観察する必要があるため、外観から測定できるリベット頭部の出入り量で管理する場合があります。また、SPRは二種類の特徴的な破損モードを、(a) アルミニウム合金側での破断、(b) 鋼板側でリベットの抜け、を示します。リベット頭部の出入り量が増加するとアルミニウム合金の板厚が低減するため、(a) が生じやすくなり、リベット頭部の出入り量が低減すると脚部の食い込み量が少なくなるため (b) が生じやすくなります。

鋼とアルミニウム合金の接合界面では、AlとFeのイオン化傾向の差に起因する電食が問題となるため、シール剤（接着剤を用いることが多い）を界面に配置

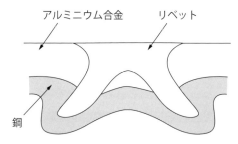

図5.9.1　SPRの接合状態（鋼とアルミニウム合金の接合）

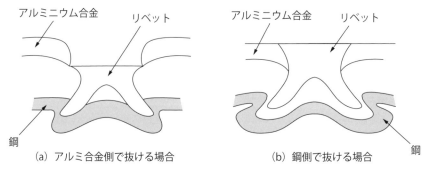

(a) アルミ合金側で抜ける場合　　　　(b) 鋼側で抜ける場合

図5.9.2　SPRの接合継手の破損モード（鋼とアルミニウム合金の接合）

した状態でSPRを適用しシール機能を付与しています。

本工法は、AudiのA4、BMWの5シリーズ、三菱自工のアウトランダー（2005年～）などに使われています。

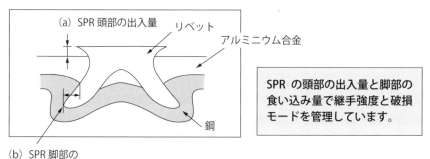

図5.10　SPRの接合継手の管理項目（鋼とアルミニウム合金の接合）

第5章　異種材料接合

5.4

金属と樹脂の接合事例

　金属と樹脂を接合する際、金属表面に微細な凹凸形状を設け、その凹凸に樹脂を浸透させることによるアンカー効果を利用する方法が効果的です。金属表面に凹凸形状を設ける方法としては、化成処理、レーザクラッディング、およびレーザビーム照射といった方法があります。

　アンカー効果を利用して、金属－樹脂を接合するメリットとしては、(1) 金属から樹脂への部分的な材料置換による軽量化、(2) 接着剤を使用しないことによる経時劣化に対する耐久性の向上、(3) ボルトナット、リベットといった機械的締結に対して気密性の確保、があげられます。ここでいう樹脂は、車体の軽量化のために一部車両に適用されているCFRPも含みます。

　以下、アンカー効果を利用した金属―樹脂接合について紹介したいと思います。

5.4.1　金属と樹脂の接合
（化成処理による微細凹凸形状付与（ミクロンオーダー））

　金属と樹脂の異種材料接合の事例として、ここでは化成処理（エッチング）により金属表面にミクロンオーダーの微細凹凸形状を付与し、この微細凹凸形状による金属と樹脂間のアンカー効果で継手強度を発現させる事例を紹介します。

　図5.11に微細凹凸形状付与、および接合の状態を示します。化成処理によってミクロンオーダーの微細な凹凸形状を設けます。その凹凸形状に樹脂を浸透、硬化させます。凹凸形状に浸透、硬化した樹脂はアンカー効果を発現、継手強度を得ることができます。

　化成処理を用いるメリットとして、(1) 大面積での凹凸形状加工が可能である、があげられます。その一方、デメリットとして、(1) 金属表面の洗浄、前処理を要する、(2) 部分的に所望の領域に凹凸形状を付与したい場合はマスキング工程を要する、(3) 廃液処理が必要である、があげられます。

　これら、メリット、デメリットを考慮しながら、微細凹凸形状付与方法を選定していくことになります。

120

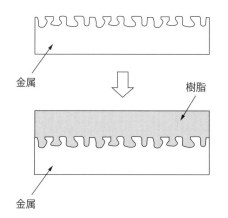

図5.11 金属と樹脂の接合状態図(化成処理)(ミクロンオーダー)

5.4.2 金属と樹脂の接合(化成処理による微細凹凸形状付与)(ミクロンオーダー+ナノオーダー)

金属と樹脂の異種材料接合の事例として、ここでは化成処理(エッチング)により金属表面にミクロンオーダー+ナノオーダーの微細凹凸形状を付与し、この微細凹凸形状による金属と樹脂間のアンカー効果で継手強度を発現させる事例を紹介します。

図5.12に微細凹凸形状付与、および接合の状態を示します。一回目の化成処理によってミクロンオーダーの微細な凹凸形状を設けます。二回目の化成処理によってミクロンオーダーの凹凸形状の表面にナノオーダーの微細な凹凸形状を設けます。その凹凸形状に樹脂を浸透、硬化させます。凹凸形状に浸透、硬化した樹脂はアンカー効果を発現、継手強度を得ることができます。その際、ミクロンオーダーの凹凸形状の表面にナノオーダーの凹凸形状が形成されることで樹脂との接触面積が増大し、アンカー効果が向上します。

この場合も、先述のとおり化成処理のメリット、デメリットを理解し、微細凹凸形状付与方法を選定していくことになります。

5.4.3 金属と樹脂の接合(レーザクラッディングによる微細凹凸形状付与)

金属と樹脂の異種材料接合の事例として、ここでは金属の粉体を配置し、レーザクラッディングにより金属表面に肉盛することで微細凹凸形状を付与し、この

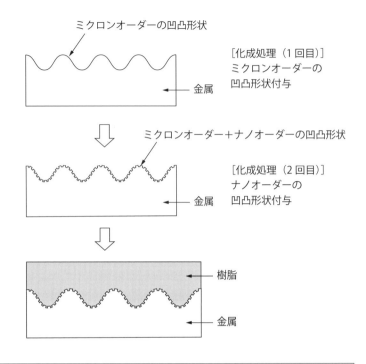

図5.12 金属と樹脂の接合状態図（化成処理）（ミクロンオーダー＋ナノオーダー）

微細凹凸形状による金属と樹脂間のアンカー効果で継手強度を発現させる事例を紹介します（**図5.13**）。

通常、化成処理（エッチング）により付与された微細凹凸形状は、金属表面から掘り込まれた形状になりますが、金属粉体をレーザクラッディングで肉盛する場合は、金属表面に隆起するように形成されます。隆起した構造の場合、掘り込まれた構造と比較して、低加圧で樹脂が微細凹凸形状を取り囲み、効果的にアンカー効果を引き出すことが可能となります。また、隆起凹凸構造はミクロンオーダーでありますが、その表面にナノオーダーの凹凸が形成されています。ミクロンオーダーの凹凸形状の表面にナノオーダーの凹凸形状が形成されることで樹脂との接触面積が増大し、アンカー効果が向上します。

5.4　金属と樹脂の接合事例

レーザクラッディングによりミクロンオーダー＋ナノオーダーの凸形状を付与。
凹凸形状に比べて樹脂の流入を促進し、アンカー効果を向上しています。

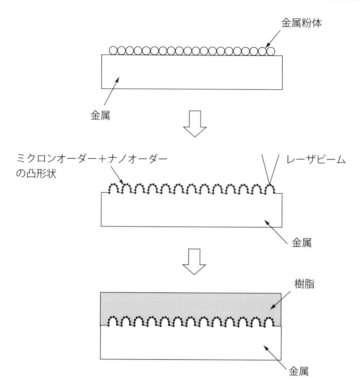

図5.13　金属と樹脂の接合状態図（レーザクラッディング）（ミクロンオーダー＋ナノオーダー）

　本形状付与方法の長所として、化成処理（エッチング）と比較した場合、(1) ドライプロセスであるため、金属表面の洗浄、前処理が不要である点、(2) マスキング工程が不要で部分的な形状付与が可能である点、があげられます。その一方、短所として、(1) レーザクラッディングは逐次加工のため、大面積への形状付与は長時間におよぶ場合がある点、があげられます。
　量産化していく際には、タクトタイムはコストに影響するため、重要な指標となります。しかしながら、アンカー効果発現のために有効な隆起状、かつミクロンオーダー＋ナノオーダーの微細凹凸形状付与が可能であることから、適材適所

第5章　異種材料接合

に本技術を有効に活用することが期待されます。また、レーザクラッディングの
さらなる適正化によるタクトタイムの短縮化も期待されます。

5.4.4　金属と樹脂の接合（レーザビーム照射による微細凹凸形状付与）

　金属と樹脂の異種材料接合の事例として、ここではレーザビームにより金属表
面に微細凹凸形状を付与し、この微細凹凸形状による金属と樹脂間のアンカー効
果で継手強度を発現させる事例を紹介します。

　この技術は、レーザの照射条件を適正化することで、通常の化成処理（エッチ
ング）、および機械加工で得られるような凹凸形状ではなく、入り組んだ三次元
形状を金属表面に付与することができます。

　図5.14に接合状態を示します。この入り組んだ形状の隙間に樹脂が侵入して
いくことで、縫製の縫込みのような構造を形成し、高い継手強度を得ることがで
きます。

　本形状付与方法の長所として、化成処理（エッチング）と比較した場合、(1)
適用可能な金属の種類（アルミニウム合金、鋼、マグネシウム合金）が広い点、
(2) ドライプロセスであるため金属表面の洗浄や前処理が不要である点、(3) マ
スキング工程が不要で部分的な形状付与が可能である点、があげられます。その
一方、短所として、(1) レーザビームは逐次加工のため、大面積への形状付与は
長時間に及ぶ場合がある点、があげられます。

　量産化していく際には、レーザクラッディングによる形状付与同様、タクトタ
イムはコストに影響するため、重要な指標となります。しかしながら、アンカー
効果発現のために有効な独自の三次元形状付与が可能であることから、適材適所
に本技術を有効に活用することが期待されます。また、レーザ照射条件のさらな
る適正化によるタクトタイムの短縮化も期待されます。

5.4 金属と樹脂の接合事例

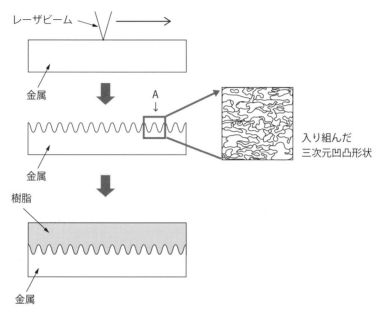

図5.14 金属と樹脂の接合状態図(レーザ照射)(ミクロンオーダー＋ナノオーダー)

第5章　異種材料接合

5.5

マグネシウム合金とアルミニウム合金、およびマグネシウム合金と鋼の接合事例

　マグネシウム合金はアルミニウム合金と比較して、比重が約2/3で比強度、比剛性の点からも、車体への適用により、さらなる軽量化が望めます。しかしながら、結晶構造が六方最密格子（HCP：Hexagonal Close-Packed Lattice）ということもあり、板での成形性が不良で、耐食性もよくありません。この二つはマグネシウム合金を車体部材に適用していくにあたり、大きな課題となっています。そのため、現状は、板材ではなく、鋳造部品という形で、ステアリングメンバー、シートフレームといった、耐食性が要求されない車室内の部品で限定的に使用されています。板材の成形、および耐食性の確保が可能であれば、車体の外板含め、適所へ適用ずることで、さらなる軽量化が見込めます。ここでは、マグネシウム合金とアルミニウム合金、およびマグネシウム合金と鋼といった組み合わせの異種材料接合に適用した事例を見たいと思います。

　まず、マグネシウム合金とアルミニウム合金の異種材接合を見てみます（図5.15）。SPR、クリンチングといった機械的締結を適用した場合は、アルミニウム合金同士の接合と変わらず、良好な接合部が得られています。ただし、先述したとおり、結晶構造に由来する伸びの悪さが起因してアルミニウム合金の場合よりも割れが生じやすい傾向があります。次に、冶金的な接合、特にアーク溶接、レーザ溶接といった溶融接合を適用した場合は、互いの融点（マグネシウム合金600℃、アルミニウム合金660℃）が近いという点、反応性が高いということで、脆く、厚いAl-Mg金属間化合物層を形成しやすく、適正な接合を行うことが困難であるようです。一方、摩擦攪拌接合（FSW、FSJ）、摩擦圧接といった固相接合を用いた場合、溶融接合と比べて、低温での接合が可能であるため、Al-Mg金属間化合物層を制御でき、継手強度を確保できる可能性があります。

　次に、マグネシウム合金と鋼の異種材接合を見てみます。マグネシウム合金とアルミニウム合金が反応性の高さゆえ、脆く、厚いAl-Mg金属間化合物層を生成し、高い継手強度が得られないという課題があったのに対し、鋼とマグネシウム合金の場合、Fe（鉄）とMg（マグネシウム）が状態図上、完全二相分離の系と

126

5.5 マグネシウム合金とアルミニウム合金、およびマグネシウム合金と鋼の接合事例

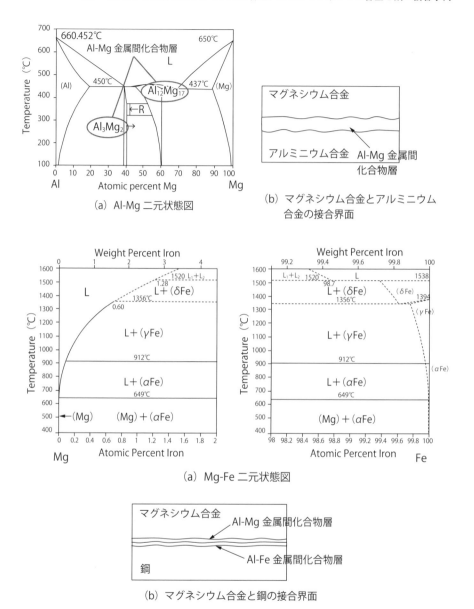

(a) Al-Mg 二元状態図

(b) マグネシウム合金とアルミニウム合金の接合界面

(a) Mg-Fe 二元状態図

(b) マグネシウム合金と鋼の接合界面

図5.15 マグネシウム合金とアルミニウム合金、およびマグネシウム合金と鋼の接合状態

いうこともあり、反応層を形成しないということが冶金的な接合を困難にしています。そこで、マグネシウム合金に添加元素として含まれるAl（アルミニウム）を利用し、接合界面に薄く、均一なAl-Fe金属間化合物層、Al-Mg金属間化合物層を生成させ、高い継手強度を得ることが可能であるという報告があります。板材のマグネシウム合金と鋼の接合が可能となれば、アルミニウム合金と鋼の場合同様、ルーフ、ドア、フードといった大面積部品での適用が可能となります。ルーフに適用した場合、軽量化効果のみならず、重心が下がり、走行安定性が向上するという効果も実現できます。

コラム ⑤ 低温接合、常温接合

　被接合材（金属材料）Ａと被接合材Ｂ（金属材料）を冶金的に接合するためには、以下の要件を満たす必要があります。

(a) 被接合材Ａと被接合材Ｂが原子レベルで十分に近づく。

(b) 被接合材Ａの原子と被接合材Ｂの原子が相互に拡散することで密着界面を形成、互いの自由電子を共有、金属結合を形成する。

　(a) については、アーク溶接のような溶融接合の場合は、被接合材の溶融によって相互の原子間距離が近づきます。拡散接合のような非溶融接合の場合は、温度の上昇によって被接合材を軟化させ、加圧の付与によって原子間を近づけます。(b) については、溶融接合の場合は溶融に伴い相互の原子が混じり合い、非溶融接合の場合は温度上昇に伴い原子にエネルギーが付与され相互に拡散が生じ、原子が共有されます。

　ここでは、接合プロセスの環境を特殊なものとすることで、低温、常温での接合を可能にしている興味深い事例を二つ述べたいと思います。

［ナノ粒子接合］

　粒子状の金属材料は、その粒子サイズを小さくすればするほど、体積に対する表面積の割合が大きくなり、表面エネルギーの影響が大きくなります。この表面エネルギーを利用すると、低温での焼結（凝集）を生じさせることが可能となります。

　図1に低温接合（ナノ粒子接合）の状態を示します。たとえば、Ag（銀）のナノ粒子を用いた場合、Agの融点が962℃であるのに対し、200℃前後で焼結を生じさせることが可能となり、これを中間材として、SiCチップ、配線金属（Al、Cuなど）といったパワーモジュール実装の接合への適用の試みが行われています。Agはコスト面で不利ですが、本接合方法は低温での接合につき周辺部品への熱負荷も小さく、高耐熱性を有する実装方法として期待されています。

［常温接合］

　先述のとおり、通常は、被接合材同士の原子間距離を近づけ、相互に拡散、互いに自由電子を共有させて、金属結合させなければ接合はなされません。

図2に常温接合（表面活性化接合）の状態を示します。本接合工法では、Arビームを照射することで接合面を活性な状態にするとともに、相互の原子が十分近接できるほど、形状を整えます。こうすることで、温度上昇や加圧付与に頼ることなく、相互の原子間の結合を実現、接合をなすことが可能となります。コンタミの少ない理想的な状態での接合となるため、適用領域は限定されますが、ユニークな接合工法です。

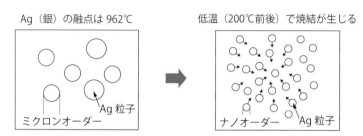

図1　低温接合（ナノ粒子接合）

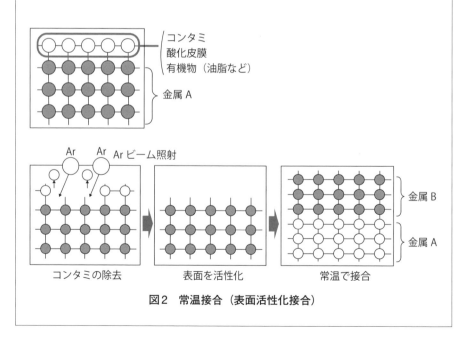

図2　常温接合（表面活性化接合）

［附 録］

計測技術、数値解析

[附 録] 計測技術、数値解析

● 計測技術（接合界面の温度計測）

　接合部近傍の温度状態（最高到達温度、昇温速度、冷却速度、および温度分布）は適正な接合条件を選定していく際に有効な情報となるため、温度計測のための様々な手段がとられています。温度計測手法としては、熱電対、放射温度計、浸漬型光ファイバ温度計などがあります。以下、代表的な温度計測手法について、その特徴を述べていきたいと思います。

[熱電対]

　熱電対とは、異なる二種類の金属線で構成された温度センサです。二つの接点に温度差を与えると回路に電圧が発生するというという現象（ゼーベック効果）を利用して温度を計測します（**図6.1**）。熱電対の長所としては、(1) 幅広い温度範囲（-200℃～1700℃）が測定可能であるという点、(2) 装置が簡素、データ処理（熱起電力）も簡素であるという点、があげられます。その一方、短所とし

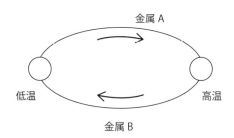

ゼーベック効果：二つの接点に温度差を与えると
電圧が発生する

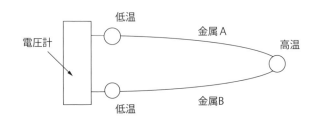

図6.1　熱電対

ては、(1) 応答性が所望の要件を満足しない場合があるという点、があげられます。

溶接現象の解明には、最高到達温度、応答性が特に重要であり、その双方を満たす測温が熱電対では困難である場合があります。

[放射温度計]

放射温度計とは、物体が温度に応じて放出する赤外線（放射光）をサーモパイルという素子で検出して、測温する温度計です（図6.2）。放射温度計の長所としては、(1) 高速での測温が可能であるという点、(2) 非接触での測温が可能である（温度場を乱しにくい）という点、があげられます。その一方、短所としては、(1) 表面のみの測温であるという点、(2) 測温したい物体に応じて赤外線の放射率の設定（接触式の測温による校正）が必要であるという点、があげられます。放射温度計には、異なる二つの測定波長を用い、それぞれの放射光の強度比を求めることによって測温する、二色放射温度計という温度計もあります。

[浸漬型光ファイバ温度計]

浸漬型光ファイバ温度計とは、放射温度計に光ファイバを取り付けた温度計です。ファイバの先端から取り込んだ赤外線（放射光）を検出して測温します。この測温方法は、溶融池の内部という高温状態の温度を高い応答性で実現できるところにあります（図6.3）。

浸漬型光ファイバ温度計の長所としては、(1) 応答性（0.01秒ピッチでの測温が可能）が高いという点、(2) 光ファイバを溶融金属の中に浸漬させて、内部の直接的な測温が可能であるという点、(3) 貴金属系の高温タイプの熱電対に対し

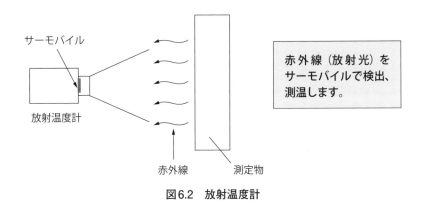

図6.2　放射温度計

[附録] 計測技術、数値解析

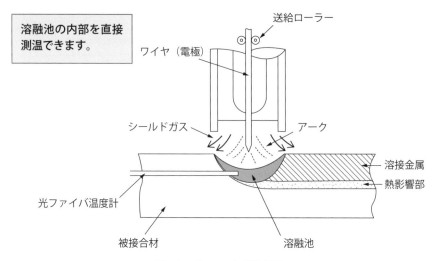

図6.3 光ファイバ温度計

て、光ファイバは安価であるという点、があげられます。その一方、短所としては、(1) 光ファイバについて、加圧による扁平化、極端な曲げを避ける必要があるという点、があげられます。

これら測温方法を様々な用途で使い分けることにより、接合部近傍の測温がなされています。

● 計測技術（接合プロセスの可視化）

接合プロセスにおいて、接合部近傍で生じている現象を可視化することは接合工法の接合メカニズムの現象を明確化できるという点で大きなメリットがあります。ここでは、接合メカニズムを可視化するための計測技術、特にCCDカメラ、レーザセンサを用いた手法について述べたと思います。

CCDカメラとは、輝度、色情報によって被接合材の寸法、欠陥、温度といった様々な情報を直接計測できることカメラです。接合プロセスの現象の計測としては、アーク溶接（MIG溶接、MAG溶接、およびTIG溶接）の接合状態（アーク現象、溶融池、電極雰囲気の状態など）を明確化することが可能です。レーザセンサとは、対象物にレーザ光を照射し、その反射波を計測することで対象物までの位置を計測するセンサです。CCDカメラが上述のとおり、様々な現象把握が可能であるのに対して、レーザセンサは形状の計測に限定されますが、CCD

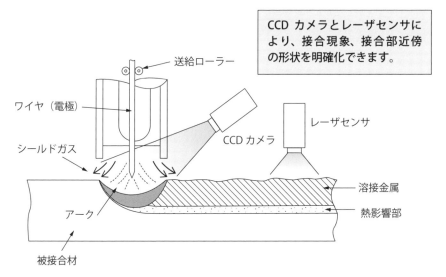

図6.4 接合プロセスの可視化

カメラと比較して、高速でのデータ処理が可能です。

図6.4にレーザセンサ、CCDカメラを用いた接合部近傍の計測事例を示します。レーザセンサによって、溶接ビード、欠陥の状態を明らかにし、CCDカメラによって、溶融池の発生状態を明らかにしています。

これらの計測手法を用いることで、接合条件と、その結果得られる接合状態の関係を明らかにすることができ、接合現象のメカニズムの把握につながります。その他、接合現象をセンサリングする技術しては、ワイヤタッチセンサ（溶接ワイヤと被接合材の接触状態を計測するセンサ）、アークセンサ（電流波形の状態変化から溶接線のずれを計測するセンサ）があります。

接合プロセスの可視化技術は、研究開発のフェーズにおいて、有効であるだけでなく、生産現場での実用化も期待されます。これらの各々の計測手法の長所を活かし、ロボットへ組み込むことによる自動化、高効率化が期待されます。

● 数値解析（接合条件の最適化）

接合部近傍の温度状態は、接合メカニズムを解明していく際、有効な情報となります。さらに、自動車の車体には様々な材種、板組みの接合継手構造があり、それら情報があれば、試作点数の削減、生産効率の向上が可能となり、生産現場

［附 録］ 計測技術、数値解析

において経済的な効果を得ることができます。

　変形、熱輸送、さらに電磁場といった現象を計算する手法として、有限要素法（FEM：Finite Element Method）という手法があります。有限要素法とは、計算したい対象の構造体をモデル化し、そのモデルを要素と呼ばれる領域に区切り、各々の要素ごとに生じている物理現象（変形、熱の授受、通電の状態）を明らかにし、要素間の境界の情報を考慮しながら、要素ごとの状態を連続的につなぎあわせることで全体の状態を予測する計算方法です。ここでは、FEM解析を用いることにより、接合プロセスにおける接合部近傍の状態を明らかにした事例をいくつか紹介します（**図6.5**）。

［スポット溶接］

　スポット溶接は、短時間プロセスで生産効率が高く、溶接部以外の領域への熱影響が少ない高品質な接合継手が得られることから、広く自動車の車体用接合工法として利用されています。スポット溶接は、上下に配した電極間に被接合材をはさみ、加圧を付与しながら通電させることで発生するジュール熱を利用して接合を行います。その際、通電に伴うジュール熱の発生があり、温度の上昇に伴って、被接合材は変形します。変形によって、電極と被接合材間、被接合材と被接合材間の接触状態が変化し、通電経路が変わります。接合プロセスの進行状態を理解するためには、通電経路の変化、その結果生じる温度状態（発生温度、温度分布）を明確化することが有効となります。さらに、スポット溶接は接合部が近接すると電流の分流が生じるため、その影響により、接合不良が生じる場合があります。そこで、接合部間の距離と分流の関係を検討し、その影響を明らかにした試みもあります。

［アーク溶接（MIG溶接）］

　アーク溶接（MIG溶接）は、電極と被接合材間にアークを発生させ、その熱を利用して接合を行います。アーク溶接は接合条件によっては溶接に伴うひずみが生じ、構造部品としての部品精度に影響を及ぼします。そこで、溶接速度、溶接電流、および溶接順序といった溶接条件が部品に及ぼす影響を明らかにする試みがなされています。

［レーザ溶接］

　レーザ溶接は、レーザ発振源から出力されたレーザビームを熱源として、被接合材に照射して、接合を行います。レーザ溶接は接合条件によってはポロシティと呼ばれる欠陥、高温割れが生じます。そこで溶接速度、レーザ出力といった溶

> FEM 解析により、スポット溶接、アーク溶接（MIG 溶接）、およびレーザ溶接の接合条件を最適化する試みがなされています。

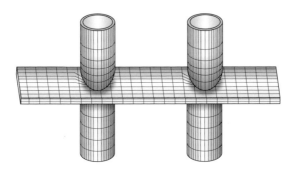

(a) スポット溶接

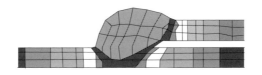

(b) アーク溶接（MIG 溶接）

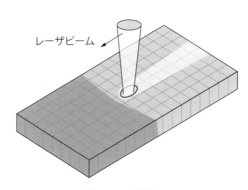

(c) レーザ溶接

図6.5　FEM解析による接合条件の最適化の例

［附 録］ 計測技術，数値解析

接条件が溶融池の形成状態に及ぼす影響を明らかにする試みがなされています。

いずれも、インプロセスモニタリングが実験的に可視化が困難な現象ですが、FEM解析を接合プロセス中に生じる現象把握のために有効に活用しています。

● 数値解析（接合継手特性の予測）

自動車車体の接合継手には静的強度のみならず、衝突時の衝撃負荷入力に対する動的強度、繰り返し負荷に対する疲労強度といった特性が要求されます。動的強度特性を例にとると、衝突時の接合部の破断形態（接合部の界面剥離、被接合材の母材破断）によって、車体部材の変形、破損モードが変化し、車体のエネルギー吸収能が変化します。車両を試作、評価することで、その影響を明らかにすることに加え、精度よく接合継手の性能を予測できれば、開発期間を短縮でき、試作コストの低減にもつながります。ここでは、FEM解析を用いることにより、接合継手の特性を明らかにした事例を紹介します（**図6.6**）。

[スポット溶接]

動的強度については、実験的に求めた破壊限界条件をFEM解析の中に取り込み、接合部単体での動的負荷付与時の破断現象を再現するのみならず、車体部品に適用された接合部の破断の予測が行われています。同様に、疲労強度についても、実験的に求めた疲労強度をFEM解析の中に取り込み、接合部単体での疲労による破断現象を再現するのみならず、車体部品に適用された接合部の疲労による破断の予測が行われています。

接合継手単体、試作部品の実験的な評価と併用して、FEM解析を有効に活用することで接合部の性能の予測が可能となり、材質、板厚、および継手形状といった設計項目にフィードバックし、生産効率、コスト低減につなげることができます。

FEM 解析により、動的引張特性評価、疲労特性評価を行う試みがなされています。

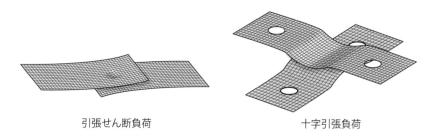

引張せん断負荷　　　　　　　　十字引張負荷

動的引張特性評価

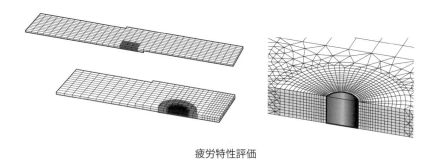

疲労特性評価

図6.6　FEM解析による接合継手の特性評価

〈著者紹介〉
宮本 健二（みやもと　けんじ）

大阪大学大学院工学研究科 博士課程修了
博士（工学）
大手自動車会社の総合研究所にて先進技術（車体の軽量化、異種材料接合、低温接合など）に関する研究開発に従事
専門は機械工学、材料力学、マテリアル生産科学

自動車用途で解説する！
材料接合技術入門　　　　　　　　　　　　　　　　NDC501.4

2018年7月31日　初版1刷発行　　　　　　　　定価はカバーに表示されております。

Ⓒ著　者　　宮　本　健　二
発行者　　井　水　治　博
発行所　　日刊工業新聞社

〒103-8548　東京都中央区日本橋小網町14-1
電話　書籍編集部　　03-5644-7490
　　　販売・管理部　03-5644-7410
　　　FAX　　　　　03-5644-7400
振替口座　00190-2-186076
URL　http://pub.nikkan.co.jp/
email　info@media.nikkan.co.jp

印刷・製本　新日本印刷

落丁・乱丁本はお取り替えいたします。　　　2018　Printed in Japan
ISBN 978-4-526-07860-6

本書の無断複写は、著作権法上の例外を除き、禁じられています。